改訂版

テスト前に
まとめるノート
中1理科

Science

JN051982

Gakken

この本を使うみなさんへ

　勉強以外にも，部活や習い事で忙しい毎日を過ごす中学生のみなさんを，少しでもサポートできたらと考え，この「テスト前にまとめるノート」は構成されています。

　この本の目的は，大きく2つあります。
　1つ目は，みなさんが効率よくテスト勉強ができるようにサポートし，テストの点数をアップさせることです。

　そのために，テストに出やすい大事な用語だけが空欄になっていて，直接書き込むことで，理科の重要点を定着できるようになっています。それ以外は，整理された内容を読んでいけばOK。頭に残りやすいよう，実験の手順や操作の理由をくわしく補足したり，ゴロやイラストなどで楽しく暗記できるよう工夫したりしています。

　2つ目は，毎日の授業やテスト前など，日常的にノートを書くことが多いみなさんに，「ノートをわかりやすくまとめられる力」をいっしょに身につけてもらうことです。

　ノートをまとめる時，次のような悩みを持ったことがありませんか？
- ☑ ノートを書くのが苦手だ
- ☑ 自分のノートはなんとなくごちゃごちゃして見える
- ☑ テスト前にまとめノートをつくるが，時間がかかって大変
- ☑ 最初は気合を入れて書き始めるが，途中で力つきる

　この本は，中学校で習う理科の内容を，みなさんにおすすめしたい「きれいでわかりやすいノート」にまとめたものです。この本を自分で作るまとめノートの代わりにしたり，自分のノートをとる時にいかせるポイントをマネしてみたりと，いろいろに活用してください。

　今，勉強を頑張ることは，現在の成績や進学はもちろん，高校生や大学生，大人になってからの自分をきっと助けてくれます。みなさんの未来の可能性が広がっていくことを心から願っています。

学研プラス

もくじ

第1章
植物の観察と分類

第2章
動物の観察と分類

第3章
いろいろな物質・気体

この本の使い方

この本の，具体的な活用方法を紹介します。

1 ｜ 定期テスト前にまとめる

まずは この本を読みながら，<u>大事な用語を書き込んでいきましょう。</u>

方法1 教科書 を見ながら，空欄になっている ＿＿＿＿＿ に，用語を埋めていきます。
余裕のある時におすすめ。授業を思い出しながら，やってみましょう。

方法2 別冊解答 を見ながら，まず，空欄 ＿＿＿＿＿ を埋めて完成させましょう。
時間がない時におすすめ。大事な用語だけにまず注目できて，その後すぐに暗記態勢に入れます。

次に <u>ノートを読んでいきましょう。</u>教科書の内容が整理されているので，単元のポイントが頭に入っていきます。

最後に <u>「確認テスト」</u>を解いてみましょう。各章のテストに出やすい内容をしっかりおさえられます。

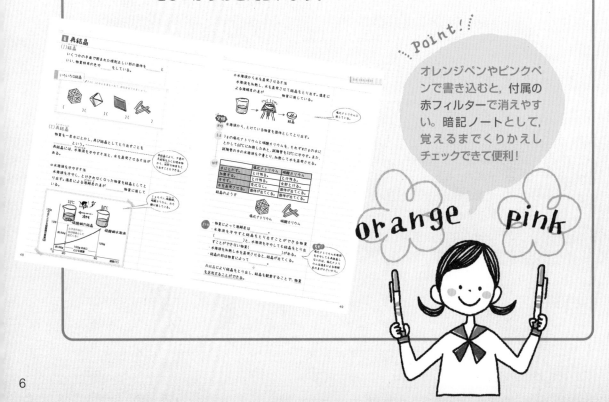

.....Point！

オレンジペンやピンクペンで書き込むと，付属の赤フィルターで消えやすい。暗記ノートとして，覚えるまでくりかえしチェックできて便利！

orange　*pink*

2 予習にもぴったり

　授業の前日などに，この本で流れを追っ
ておくのがおすすめです。教科書を全部
読むのは大変ですが，このノートをさっと
読んでいくだけで，授業の理解がぐっと
深まります。

3 復習にも使える

　学校の授業で習ったことをおさらいし
ながら，ノートの空欄を埋めていきましょ
う。先生が強調していたことを思い出し
たら，色ペンなどで目立つようにしてみて
もいいでしょう。
　また先生の話で印象に残ったことを，
このノートの右側のあいているところに
追加で書き込んだりして，自分なりにアレ
ンジすることもおすすめです。

 次のページからは，ノート作りのコツについて紹介していますので，
あわせて読んでみましょう。

きれい！ 見やすい！ 頭に入る！ ノート作りのコツ

普段ノートを書く時に知っておくと役立つ，「ノート作りのコツ」を紹介します。どれも簡単にできるので，気に入ったものは自分のノートに取り入れてみてくださいね！

コツ① 色を上手に取り入れる

Point！ 最初に色のルールを決める。

シンプル派→3色くらい

例）基本色→黒
　重要用語→赤
　強調したい文章→蛍光ペン

カラフル派→5～7色くらい

例）基本色→黒
　重要用語→オレンジ（赤フィルターで消える色＝暗記用），赤，青，緑
　用語は青，公式は緑，その他は赤など，種類で分けてもOK！
　強調したい文章→黄色の蛍光ペン
　囲みや背景などに→その他の蛍光ペン

花のつくり②

マツの花のつくり

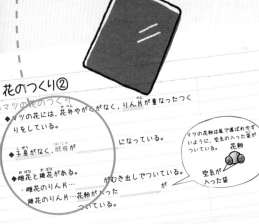

マツの花のつくり

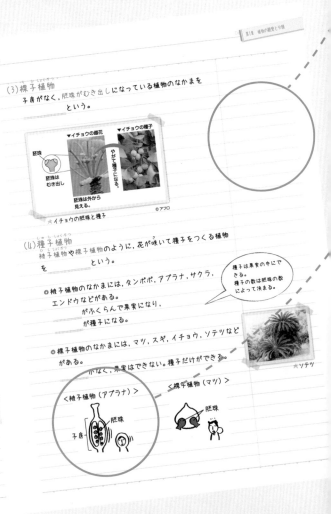

14

② 空間をとって書く

　ノートの右から**4～5cmに区切り線**を引きます。教科書の内容は左側（広いほう）に，その他の役立つ情報は右側（狭いほう）に，情報を分けるとまとめやすくなります。

● 図や写真，イラスト，暗記のためのゴロ，その他補足情報
● 授業中の先生の話で印象に残ったこと，実験や観察の背景・理由など，自分で書きとめておきたい情報は右へどんどん書き込みましょう。

　また，文章はなるべく短めに書きましょう。途中の接続詞などもなるべくはぶいて，「→」でつないでいくなどすると，すっきりでき，また流れも頭に入っていきます。

　行と行の間を，積極的に空けておくのもポイントです。後で自分が読み返す時にとても見やすく，わかりやすく感じられます。追加で書き込みたい情報があった時にも，ごちゃごちゃせずに，いつでもつけ足せます。

③ イメージを活用する

　自分の頭の中でえがいたイメージを，簡単に図やイラスト化してみると，記憶に残ります。この本でも，簡単に書けて，頭に残るイラストを多数入れています。とにかく簡単なものでOK。時間がかかると，絵を描いただけで終わってしまうので注意。

　また，教科書の写真や図解などは，そのままコピーして貼るほうが効率的。ノートに貼って，そこから読み取れることを追加で書き足したりすると，わかりやすい，自分だけのオリジナル参考書になっていきます。

その他のコツ

❶レイアウトを整える…
段落ごと，また階層を意識して，頭の文字を1字ずつずらしていくと，見やすくなります。また，見出しは1回り大きめに，もしくは色をつけるなどすると，メリハリがついてきれいに見えます。

❷インデックスをつける…
ノートはなるべく2ページ単位でまとめ，またその時インデックスをつけておくと，後で見直ししやすいです。教科書の単元や項目と合わせておくと，テスト勉強がさらに効率よくできます。

❸かわいい表紙で，持っていてうれしいノートに！…
表紙の文字をカラフルにしたり，絵を描いたり，シールを貼ったりと，表紙をかわいくアレンジするのも楽しいです。

1 身近な生物の観察

(1)タンポポの観察

◆タンポポの花は，小さな花がたくさん集まって，
1つの花のように見える。

◆タンポポは，日当たりが　　　　　，
　　　　　場所に見られる。

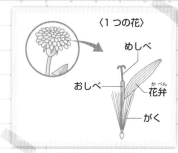

〈1つの花〉
めしべ
おしべ
花弁（かべん）
がく

★タンポポの花のつくり

(2)水中の小さな生物

水中の小さな生物

✐下の〔　〕の中に名称（めいしょう）を入れて，図を完成させましょう。

緑色

動く

〔　〕　〔　〕
〔　〕　〔　〕
〔　〕　〔　〕
〔　〕　〔　〕

ミドリムシは，
緑色をしていても
活発に動き回る。

(3)観察の基本操作

◉スケッチのしかた

〇よい例

✕悪い例

＊細い1本の
線ではっき
りとかく。

＊重ねがきしたり，
かげをつけたり
しない。

◉ルーペの使い方

・ルーペは　　　　に近づけて持つ。

・観察するものが動かせるとき

→観察するものを前後に動かしてよ
く見える位置をさがす。

・観察するものが動かせないとき

→　　　　を前後に動かしてよく見え
る位置をさがす。

観察するものが
動かせるとき

ニャ〜

観察するものが
動かせないとき

フフフ

◉ 双眼実体顕微鏡の使い方

・双眼実体顕微鏡は，観察物を拡大して　　　　　的に観察
することができる。

> 20倍～40倍で
> 観察できる。

双眼実体顕微鏡

✐下の〔　〕の中に各部分の名称を入れて，図を完成させましょう。

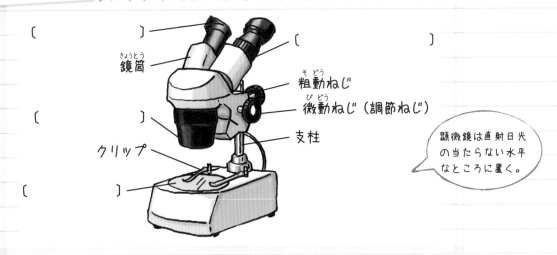

〔　　　　〕

〔　　　　〕

鏡筒

粗動ねじ

微動ねじ（調節ねじ）

支柱

〔　　　　〕

クリップ

〔　　　　〕

> 顕微鏡は直射日光
> の当たらない水平
> なところに置く。

①左右の　　　　　　が両目の幅に合うように鏡筒を調
節し，左右の視野が重なって1つに見えるようにする。

②粗動ねじをゆるめて鏡筒を上下させ，両目でおよそのピン
トを合わせる。さらに右目でのぞきながら，微動ねじを回
してピントを合わせる。

③左目でのぞきながら，　　　　　　　　　を回してピント
を合わせる。

(4) 生物の分類

生物などをグループに分けることを　　　　　という。

> 共通する特徴
> をもつものを
> 同じグループ
> にまとめる。

◉いろいろな生物を異なる観点で分類する。

①生活場所で分類する。　　②移動するかどうかで分類する。

陸上	水中
ミミズ	メダカ
タンポポ	イルカ
サクラ	ミカヅキモ
スズメ	ハス

移動する	移動しない
ミミズ	タンポポ
スズメ	サクラ
メダカ	ミカヅキモ
イルカ	ハス

> 観点が変わる
> と分類の結果
> が変わる。

2 花のつくり①

(1)アブラナの花のつくり

◆1つの花には，ふつう外側から順に，がく，花弁(かべん)，おしべ，めしべがある。

◆おしべの先の袋のようにふくらんだ部分をやくといい，中に花粉が入っている。

◆めしべの先の部分を柱頭(ちゅうとう)といい，めしべのもとのふくらんだ部分を子房(しぼう)という。子房の中には胚珠(はいしゅ)がある。

> ヘチマのように，雄花(おばな)と雌花(めばな)がある花では，おしべとめしべが別々の花にある。

雄花
おしべ
花弁

雌花
めしべ
花弁
子房

★ヘチマの雄花と雌花
©アフロ

アブラナの花のつくり

✎下の〔 〕の中に各部分の名称(めいしょう)を入れて，図を完成させましょう。

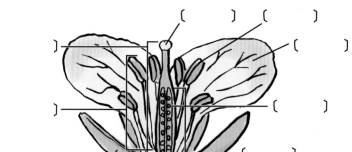

〔　　　〕　〔　　　〕　〔　　　〕

〔　　　〕

〔　　　〕

〔　　　〕

〔　　　〕

〔　　　〕

〔　　　〕

観察

目的 いろいろな花を分解して，それぞれの花のつくりと各部分の数を調べる。

〈アブラナ〉

がく　　　花弁　　　おしべ めしべ

〈ツツジ〉

がく　　　花弁　　　おしべ めしべ

いろいろな花の各部分の数

	がく	花弁	おしべ	めしべ
アブラナ	4枚	4枚	6本	1本
エンドウ	5枚	5枚	10本	1本
ツツジ	5枚	5枚	10本	1本

> ツツジの花弁は根元がくっついている。

(2) 離弁花と合弁花

- ◎ 離弁花…花弁が1枚1枚 ＿＿＿＿＿ いる花。

  アブラナ, サクラ, エンドウなど。

- ◎ 合弁花…花弁が1つに ＿＿＿＿＿ いる花。

  アサガオ, ツツジ, タンポポなど。

〈離弁花〉
1枚1枚離れている
▲サクラ

〈合弁花〉
1つにくっついている
▲アサガオ

(3) 種子のでき方

- ◆ おしべでつくられた花粉がめしべの先の ＿＿＿＿ につく
  ことを ＿＿＿＿ という。

  ベトベトしている。

- ◆ 受粉すると,
  子房は ＿＿＿＿ になり,
  胚珠は ＿＿＿＿ になる。

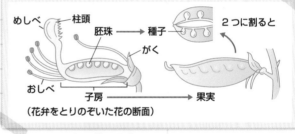

めしべ　柱頭
胚珠 → 種子
がく
2つに割ると
おしべ
子房 → 果実
(花弁をとりのぞいた花の断面)

★ エンドウの花と果実

種子のでき方

✎下の〔 〕の中に言葉を入れて,図を完成させましょう。

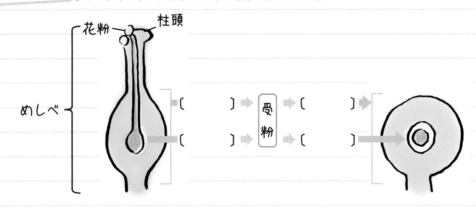

花粉　柱頭
めしべ
〔　　　〕➡ 受粉 ➡〔　　　〕➡
〔　　　〕➡ 　　 ➡〔　　　〕➡

(4) 被子植物

胚珠が子房の中にある植物のなかまを ＿＿＿＿＿ という。

3 花のつくり②

(1)マツの花のつくり

◆マツの花には，花弁やがくがなく，りん片が重なったつくりをしている。

◆子房がなく，胚珠が　　　　　　になっている。

◆雌花と雄花がある。

　・雌花のりん片…　　　　　がむき出しでついている。

　・雄花のりん片…花粉が入った　　　　　　がついている。

> マツの花粉は風で運ばれやすいように，空気の入った袋がついている。　花粉
>
> 空気が入った袋

マツの花のつくり

✎下の〔 〕の中に言葉を入れて，図を完成させましょう。

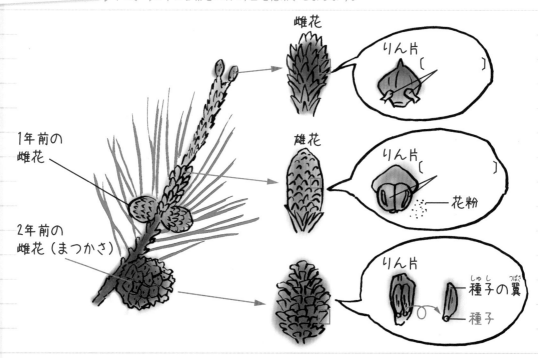

雌花

りん片〔　　　〕

1年前の雌花

雄花

りん片〔　　　〕

花粉

2年前の雌花（まつかさ）

りん片

種子の翼

種子

(2)マツの種子のでき方

◆花粉のうから出た花粉が直接　　　　についで受粉すると，胚珠が　　　　になる。

　雌花は成熟して　　　　　になる。

> 受粉した胚珠が種子になるのに1年以上かかる。

◆マツの花には子房がないので，果実はできない。

(3)裸子植物

子房がなく, 胚珠がむき出しになっている植物のなかまを

＿＿＿＿＿＿という。

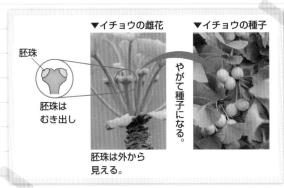

▼イチョウの雌花　▼イチョウの種子

胚珠

胚珠は
むき出し

やがて種子になる。

胚珠は外から
見える。

★イチョウの胚珠と種子　　　　　©アフロ

(4)種子植物

被子植物や裸子植物のように, 花が咲いて種子をつくる植物

を＿＿＿＿＿＿という。

◎被子植物のなかまには, タンポポ, アブラナ, サクラ,

エンドウなどがある。

＿＿＿＿＿＿がふくらんで果実になり,

＿＿＿＿＿＿が種子になる。

> 種子は果実の中にできる。
> 種子の数は胚珠の数によって決まる。

◎裸子植物のなかまには, マツ, スギ, イチョウ, ソテツなど

がある。

＿＿＿＿＿＿がなく, 果実はできない。種子だけができる。

★ソテツ

＜被子植物（アブラナ）＞　　　＜裸子植物（マツ）＞

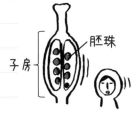

胚珠

子房

胚珠

4 植物のからだのつくり

(1) 子葉のつくり

被子植物は, 発芽のときの子葉の枚数によって
2つに分けられる。

⊙ ＿＿＿＿＿…子葉が1枚の被子植物。
　　　　　　ユリ, イネ, トウモロコシなど。

⊙ ＿＿＿＿＿…子葉が2枚の被子植物。
　　　　　　アサガオ, ツツジ, アブラナ, エンドウなど。

単子葉類

双子葉類

子葉が1枚　　子葉が2枚

(2) 葉のつくり

◆ 葉には, ＿＿＿＿＿とよばれるすじがあり,

平行のものを ＿＿＿＿＿といい,

網目状のものを ＿＿＿＿＿という。

平行脈

網状脈

(3) 根のようす

◆ 植物の根には, ひげ根のものと
主根と側根からなるものがある。

| 根のつくり | ✏下の〔 〕の中に言葉を入れて, 図を完成させましょう。 |

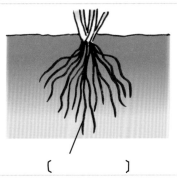

〔　　　　〕

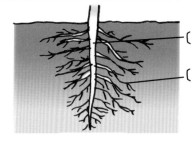

〔　　　　〕

〔　　　　〕

◆ 根の先端近くには ＿＿＿＿＿がある。

→根の表面積を大きくして水や養分を効率よく吸収する。

★根毛　　©アフロ

16

単子葉類と双子葉類の比較

✎下の〔　〕の中に言葉を入れて，図を完成させましょう。

	単子葉類	双子葉類
子葉	〔　　〕枚	〔　　〕枚
葉脈	〔　　〕	〔　　〕
根	〔　　〕	〔　　〕 〔　　〕

(4)種子植物の分類

種子植物の分類

✎下の〔　〕の中に言葉を入れて，図を完成させましょう。

種子植物

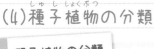

子房の中　←──　胚珠は？　──→　むき出し
〔　　　〕　　　　　　　　　〔　　　〕

マツ，イチョウ，ソテツなど

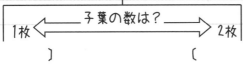

1枚　←──　子葉の数は？　──→　2枚
〔　　　〕　　　　　　　　　〔　　　〕

平行脈　　ひげ根　　　　　　網状脈　　主根と側根

ユリ，イネ，
トウモロコシなど

アサガオ，ツツジ，
アブラナ，エンドウなど

ゴロ

裸子植物　マツ・スギ
ラッシュでまっすぐ
双子葉類　アサガオ
早　朝
単子葉類　トウモロコシ
担　当　。

双子葉類は，さら
に花弁のようすで
合弁花類と離弁花
類に分類すること
もある。

17

5 種子をつくらない植物

(1) シダ植物

◆根・茎（くき）・葉の区別が　　　　　　　。

　　茎は, 地下にあるものが多い。 ------------

> 地下にある茎を地下茎（ちかけい）という。

◆種子（しゅし）をつくらず,　　　　　　でなかまをふやす。

◆胞子（ほうし）は, 葉の裏側（うらがわ）にある胞子のうの中にできる。 ------------

> 胞子のうが乾燥（かんそう）すると, さけて中から胞子が飛び散る。

シダ植物のからだのつくり

🖊下の〔　〕の中に言葉を入れて, 図を完成させましょう。

＜イヌワラビ＞

葉の裏（うら）

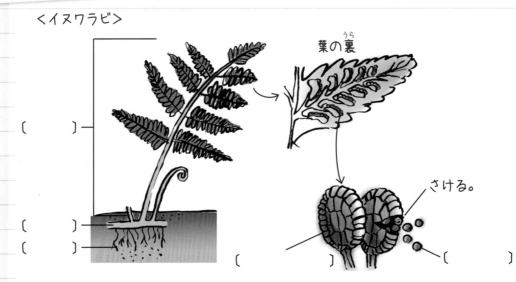

さける。

〔　〕

〔　〕

〔　〕

〔　〕　　　　　　　　　　〔　〕

18

(2)コケ植物

◆根・茎・葉の区別が_____。

　コケ植物にある根のようなものは，_____といい，
　からだを地面に固定するはたらきがある。
　水はからだの表面全体から吸収する。

> コケ植物は，乾燥に弱
> く，日の当たらないと
> ころに見られることが
> 多いが，エゾスナゴケ
> のように，乾燥に強く，
> 日当たりのよい場所に
> 生息するものもある。

◆種子をつくらず，_____でなかまをふやす。

◆コケ植物には雄株と雌株があるものがあり，_____の胞
　子のうの中に胞子ができる。

コケ植物のからだのつくり

✎下の〔　〕の中に言葉を入れて，図を完成させましょう。

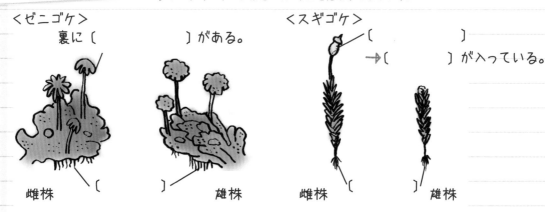

＜ゼニゴケ＞
裏に〔　　　　　〕がある。

雌株　〔　　　　　〕　　　　　雄株

＜スギゴケ＞
〔　　　　　〕
→〔　　　　　〕が入っている。

雌株　　　　　雄株

(3)種子をつくらない植物の分類

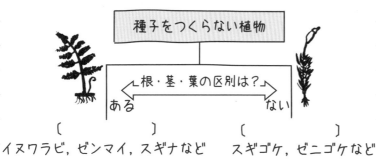

種子をつくらない植物

←根・茎・葉の区別は？→
ある　　　　　　　　　ない

〔　　　　　〕　　　〔　　　　　〕
イヌワラビ，ゼンマイ，スギナなど　　スギゴケ，ゼニゴケなど

確認テスト①

/100

●目標時間：30分　●100点満点　●答えは別冊21ページ

1 学校のまわりで生物の観察をしました。これについて，次の問いに答えなさい。

<2点×2>

(1) ルーペを使って，手に持ったタンポポの花を観察しました。ルーペの使い方で正しいもの
をア～エから選び，記号で答えなさい。　〔　　　　〕

ア　　　　　イ　　　　　ウ　　　　　エ

←→は，その下の
ルーペか花を前後
に動かして，よく
見える場所をさが
していることを意
味する。

(2) 池の水を採集して，水中の小さな生物を観察しました。次のア～エのうち，ミドリムシは
どれですか。1つ選び，記号で答えなさい。

ア　　　　　イ　　　　　ウ　　　　　エ

〔　　　　〕

2 図1はアブラナの花，図2はマツの花のつくりを模式的に表したものです。これについ
て，次の問いに答えなさい。

<4点×5>

(1) アブラナの花で，受粉するとき，花粉がつく
部分はどこですか。図1のA～Fから1つ選び，
記号で答えなさい。　〔　　　　〕

(2) アブラナの花で，図2のX，Yのつくりと同
じはたらきをする部分はどこですか。図1のA
～Fから1つずつ選び，記号で答えなさい。

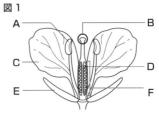 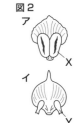

X〔　　　　〕　Y〔　　　　〕

(3) マツの花で，雄花のりん片は図2のア，イのどちらですか。　〔　　　　〕

(4) マツについて正しく説明したものを，次のア～エから1つ選び，記号で答えなさい。　〔　　　　〕

　ア　アブラナのAにあたるものがないので，花粉ができない。

　イ　アブラナのBにあたるものがないので，種子ができない。

　ウ　アブラナのDにあたるものがないので，果実ができない。

　エ　アブラナのFにあたるものがないので，果実ができない。

3 図のＡ，Ｂは葉のつくりを，Ｃ，Ｄは根のつくりを表したものです。これについて，次の問いに答えなさい。

<4点×7>

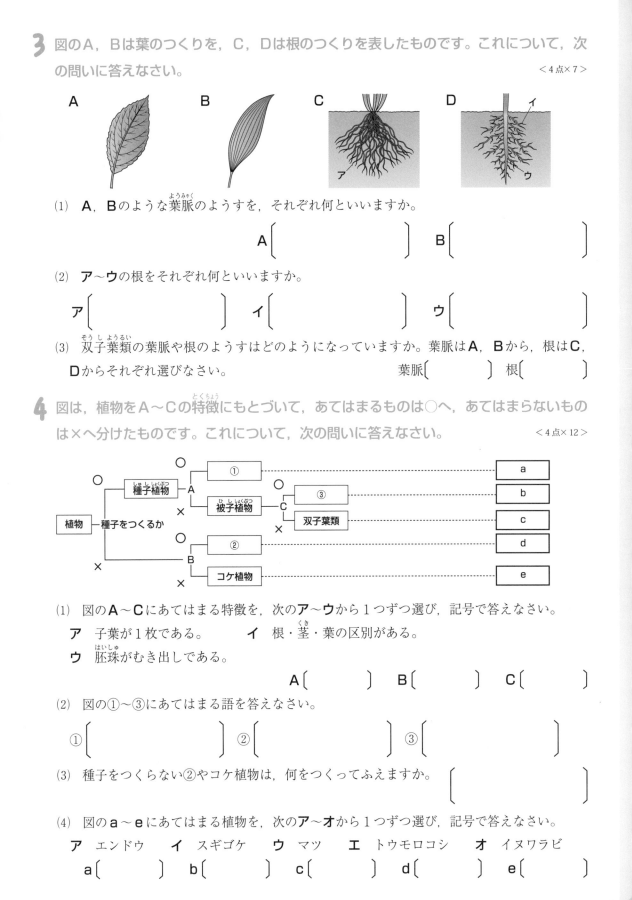

(1) Ａ，Ｂのような葉脈のようすを，それぞれ何といいますか。

Ａ〔　　　　　　　　〕　Ｂ〔　　　　　　　　〕

(2) ア～ウの根をそれぞれ何といいますか。

ア〔　　　　　　　〕　イ〔　　　　　　　〕　ウ〔　　　　　　　〕

(3) 双子葉類の葉脈や根のようすはどのようになっていますか。葉脈はＡ，Ｂから，根はＣ，Ｄからそれぞれ選びなさい。　　　　　葉脈〔　　　　〕根〔　　　　〕

4 図は，植物をＡ～Ｃの特徴にもとづいて，あてはまるものは○へ，あてはまらないものは×へ分けたものです。これについて，次の問いに答えなさい。

<4点×12>

(1) 図のＡ～Ｃにあてはまる特徴を，次のア～ウから１つずつ選び，記号で答えなさい。

ア　子葉が１枚である。　　　イ　根・茎・葉の区別がある。
ウ　胚珠がむき出しである。

Ａ〔　　　〕　Ｂ〔　　　〕　Ｃ〔　　　〕

(2) 図の①～③にあてはまる語を答えなさい。

①〔　　　　　　　　　〕②〔　　　　　　　　　〕③〔　　　　　　　　　〕

(3) 種子をつくらない②やコケ植物は，何をつくってふえますか。〔　　　　　　　　　〕

(4) 図のa～eにあてはまる植物を，次のア～オから１つずつ選び，記号で答えなさい。

ア　エンドウ　　イ　スギゴケ　　ウ　マツ　　エ　トウモロコシ　　オ　イヌワラビ

a〔　　　〕　b〔　　　〕　c〔　　　〕　d〔　　　〕　e〔　　　〕

1 魚類・両生類・は虫類

(1) 脊椎動物

◆ ヒトやヘビ, フナ, カエル, ニワトリなどのように,
背骨がある動物を _____ 動物という。----------

> 背骨のことを脊椎ともいう。

◆ 脊椎動物には, 魚類, 両生類, _____ 類, 鳥類, 哺乳類の
5 種類がある。

脊椎動物の骨格 | 下の〔 〕の中に言葉を入れて, 図を完成させましょう。

> どのなかまも, 背骨を中心とした骨格をもっている。

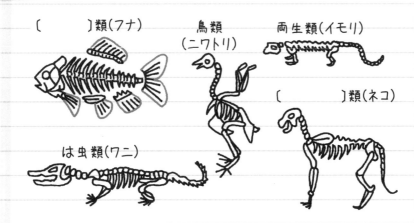

〔   〕類(フナ)
鳥類(ニワトリ)
両生類(イモリ)
〔   〕類(ネコ)
は虫類(ワニ)

(2) 魚類

> 魚類のからだのつくりは, 水中生活に適している。

◆ フナ, コイ, メダカ, イワシ, マグロ, サメなどのなかまを
魚類という。

◆ 魚類は, 水中でくらし, 一生 _____ で呼吸をする。体表は
うろこでおおわれ, 水中に殻のない _____ をうむ。

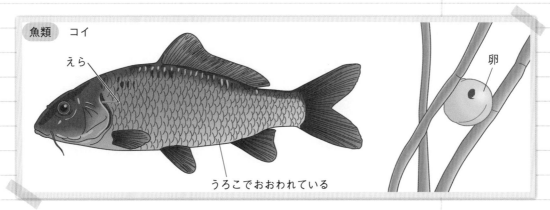

魚類 コイ

えら

卵

うろこでおおわれている

(3) 両生類

◆カエル, イモリ, サンショウウオなどのなかまを両生類と
いう。

◆両生類は, 子は水中でくらし, えらと皮膚で呼吸をする。親
は　　　　と皮膚で呼吸をする。体表はしめった　　　　　　　で
おおわれ, 多くのものは水中に殻のない卵をうむ。

両生類は, 子と親
でからだのつくり
や生活のしかたが
変化する。

両生類　カエル（親）

しめった皮膚に
おおわれて
いる。

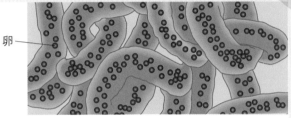

卵

おたまじゃくし（子）

(4) は虫類

◆トカゲ, ヘビ, ヤモリなどのなかまをは虫類という。

◆は虫類は, 一生　　　　　で呼吸をする。体表はかたい
　　　　　でおおわれていて, 陸上に殻のある卵をうむ。

は虫類は, 両生類
よりも乾燥に強く,
陸上生活に適して
いる。

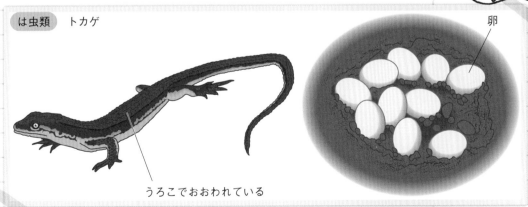

は虫類　トカゲ

卵

うろこでおおわれている

2 鳥類・哺乳類

(1)鳥類

◆ハト, スズメ, ニワトリ, タカなどのなかまを鳥類という。

◆鳥類は, 陸上でくらし, 一生　　　　で呼吸をする。体表は
　　　　でおおわれ, 陸上に巣をつくり, かたい殻のある
卵をうむ。

鳥類は, 魚類, 両生類, は虫類とはちがい, 卵をあたためてかえす。

ココにいるわよ

鳥類　ハト

羽毛でおおわれている

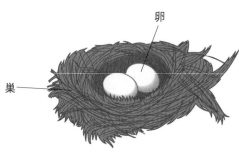

卵

巣

(2)哺乳類

◆ヒト, イヌ, ネコ, ウサギ, クジラなどのなかまを哺乳類という。

◆哺乳類は, 一生　　　　で呼吸をする。体表は毛でおおわれていて, 子は母親の子宮の中である程度育ってからうまれ, 母親の　　　を飲んで育つ。

哺乳類は, 子のうまれ方や育て方が, ほかの脊椎動物とは, 特にちがっている。

アイヨー　腹べった! カァちゃん

哺乳類　イヌ

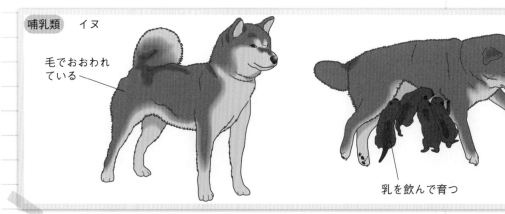

毛でおおわれている

乳を飲んで育つ

(3)からだのつくりや生活のしかたによるグループ分け

- ◉子のうまれ方

  ・・・親が卵をうみ，卵から子がかえる。

  →魚類，両生類，は虫類，鳥類 - - - - - -

  ・・・母親の体内である程度育ってから，子がうまれる。

  →

> 魚類と両生類は
> 殻のない卵を水中にうみ，
> は虫類と鳥類は
> 殻のある卵を陸上にうむ。
> 殻は乾燥から卵を
> 守っている。

- ◉<ruby>草食動物<rt>そうしょくどうぶつ</rt></ruby> と <ruby>肉食動物<rt>にくしょくどうぶつ</rt></ruby>

  ・・・シマウマのように，植物を食べる動物。

  ・・・ライオンのように，ほかの動物を食べる動物。

草食動物と肉食動物の目のつき方

✐下の〔　〕の中に言葉を入れて，図を完成させましょう。

草食動物（シマウマ）　　　肉食動物（ライオン）

視野　　　　　　　　　　　視野
↓　　　　　　　　　　　　↓
〔　　　〕　　　　　　　　せまい

立体的に見える<ruby>範囲<rt>はんい</rt></ruby>　　立体的に見える範囲
→せまい　　　　　　　　　→〔　　　〕

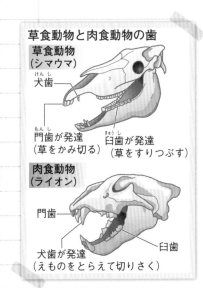

草食動物と肉食動物の歯

草食動物（シマウマ）
<ruby>犬歯<rt>けんし</rt></ruby>
<ruby>門歯<rt>もんし</rt></ruby>が発達（草をかみ切る）　<ruby>臼歯<rt>きゅうし</rt></ruby>が発達（草をすりつぶす）

肉食動物（ライオン）
門歯
臼歯
犬歯が発達（えものをとらえて切りさく）

> 体温の変化で，
> 動物をグループ
> 分けすることも
> できるよ。

体温の変化と動物
・<ruby>変温動物<rt>へんおんどうぶつ</rt></ruby>・・・まわりの温度の変化にともなって，体温が変化する動物。冬眠するものが多い。
→魚類，両生類，は虫類
・<ruby>恒温動物<rt>こうおんどうぶつ</rt></ruby>・・・まわりの温度が変化しても，体温がほぼ一定の動物。
→鳥類，哺乳類

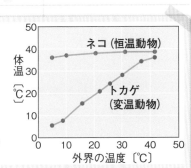

ネコ（恒温動物）

トカゲ（変温動物）

体温〔℃〕

外界の温度〔℃〕

3 動物の分類

(1)脊椎動物の分類

脊椎動物の特徴をまとめると, 次の表のようになる。

脊椎動物の分類

✏下の〔 〕の中に言葉を入れて, 図を完成させましょう。

分類	魚類	両生類	は虫類	鳥類	哺乳類
生活場所	水中	水中・水辺	陸上(一部水中)		
呼吸器官	えら	えらと皮膚(子) 肺と皮膚(親)	肺		
体 表	うろこ	しめった皮膚	うろこ	羽毛	毛
子のうまれ方		〔　　　　　〕			〔　　　　　〕
例	メダカ, フナ, コイ, イワシ, マグロ, サメ	カエル, イモリ, サンショウウオ	トカゲ, ヘビ, カメ, ワニ, ヤモリ	ハト, スズメ, ニワトリ, タカ, ペンギン	ヒト, イヌ, ネコ, ウサギ, アザラシ, クマ, クジラ

(2)無脊椎動物

脊椎動物以外の, 　　　　　をもたない動物を無脊椎動物と
いう。節足動物, 軟体動物などに分類される。

観察
目的　無脊椎動物(カニ)のからだのつくりを調べる。

節の部分で曲がる。

殻
筋肉
あしの内部

背骨って知ってる?
何だそれ?
甲の方がカッコイイよ!
ふにゃふにゃが1番さ!!

結果　カニは, 節の部分でからだが曲がり, かたい殻の中に筋肉が
あった。

◉ 節足動物

・からだが　　　　　　というかたい殻でおおわれて
　いて，外骨格の内側に　　　　　がついている。

・からだとあしに節がある。

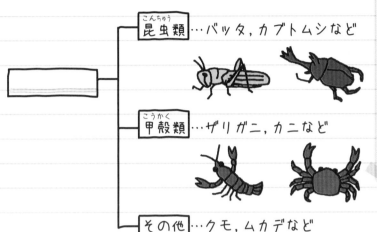

節足動物のからだのつくり

昆虫類（バッタ）

触角　頭部　胸部　腹部　はね　目　口　気門

甲殻類（ザリガニ）

頭胸部　腹部　目　触角

昆虫類 …バッタ，カブトムシなど

甲殻類 …ザリガニ，カニなど

その他 …クモ，ムカデなど

軟体動物には，背骨も外骨格もないよ。

◉ 軟体動物

・マイマイ，アサリ，タコ，イカなどのなかま

よゆう～♪

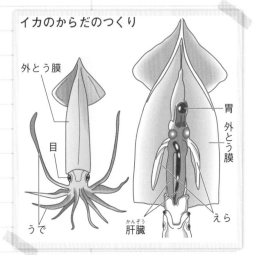

イカのからだのつくり

外とう膜　目　胃　外とう膜　えら　肝臓　うで

・水中で生活するものが多い。

・外とう膜という膜があり，　　　　　がある
　部分を包んでいる。

・貝殻があるものが多い。

◉ その他の無脊椎動物

・節足動物や軟体動物のほかにも，ミミズ，ウ
　ニ，クラゲなど，さまざまな動物がいる。

27

確認テスト②

●目標時間：30分　●100点満点　●答えは別冊 21 ページ

1 右の5種類の動物について，あとの各問いに答えなさい。

<(6)8点，他4点×11>

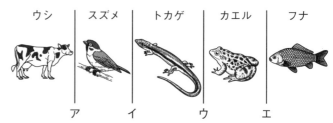

ウシ	スズメ	トカゲ	カエル	フナ
ア	イ	ウ	エ	

(1) 5種類の動物は，共通する骨格の特徴から，何動物とよばれますか。〔　　　　　　　〕

(2) 5種類の動物の分類上，ウシのなかまとトカゲのなかまを何といいますか。

ウシ〔　　　　　　　〕　トカゲ〔　　　　　　　〕

(3) 5種類の動物のうち，子の時期と，親の時期で，呼吸のしかたが異なるものを1つ選び，動物名を答えなさい。〔　　　　　　　〕

(4) (3)で選んだ動物は，子の時期と，親の時期では，どこで呼吸を行っていますか。それぞれの時期について答えなさい。

子〔　　　　　　　〕　親〔　　　　　　　〕

(5) 5種類の動物のうち，陸上に殻のある卵をうむ動物はどれですか。すべて選び，動物名を答えなさい。〔　　　　　　　〕

(6) (5)で，卵に殻があることは，どのような利点がありますか。生活する場所の環境から簡単に書きなさい。〔　　　　　　　〕

(7) 卵をうんでなかまをふやすことを卵生というのに対して，母親の体内で一定期間育ったあとで子がうまれることを何といいますか。〔　　　　　　　〕

(8) 5種類の動物のうち，からだの表面が羽毛でおおわれている動物はどれですか。1つ選び，動物名を答えなさい。〔　　　　　　　〕

(9) 次の①，②の条件で5種類の動物を分けるとき，図中のア～エのどの線で分けますか。それぞれ記号を答えなさい。

① 卵をうむ動物と，子をうむ動物〔　　　　　〕

② 一生えらで呼吸をする動物と，それ以外の動物〔　　　　　〕

2 右の図は，ライオンとシマウマの頭部を正面から見たようすです。あとの各問いに答えなさい。

<4点×5>

ライオン

シマウマ

(1) ライオンのように，ほかの動物を食べる動物を何といいますか。 〔　　　　　　〕

(2) ライオンとシマウマで，視野が広いのはどちらですか。 〔　　　　　　〕

(3) ライオンとシマウマで，立体的に見える範囲（はんい）が広いのはどちらですか。 〔　　　　　　〕

(4) (3)の特徴は，どのようなことにつごうがよいですか。次の**ア〜ウ**から選びなさい。 〔　　　　〕

　ア 暗い場所でもものがよく見える。　**イ** 敵の接近を早く見つけることができる。
　ウ えものまでの距離（きょり）を正確にはかることができる。

(5) ライオンで，えものをとらえるために発達している歯を，**ア〜ウ**から選びなさい。

　ア 門歯（もんし）　**イ** 臼歯（きゅうし）　**ウ** 犬歯（けんし） 〔　　　　〕

3 右の図は，バッタ，カニ，イカを表しています。あとの各問いに答えなさい。

<4点×7>

バッタ

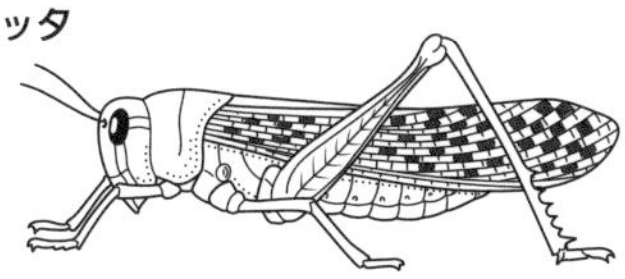

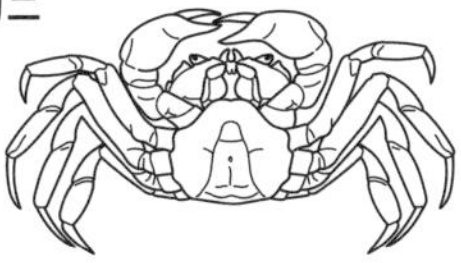

イカ

カニ

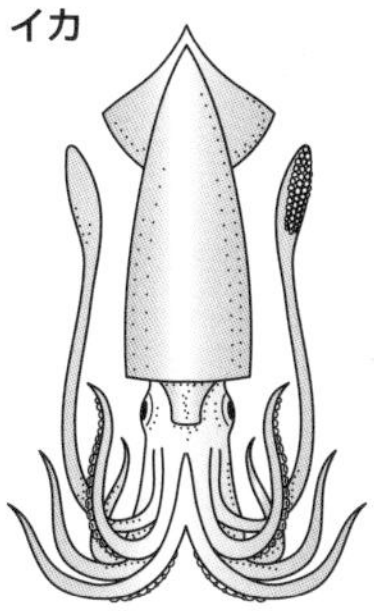

(1) 図の動物には背骨がありません。このような特徴をもつ動物のなかまを何といいますか。 〔　　　　　　〕

(2) バッタやカニの全身をおおうかたい殻を何といいますか。 〔　　　　　　　　〕

(3) バッタやカニなどのなかまは，からだやあしに節（ふし）があります。このような特徴をもつ動物のなかまを何といいますか。 〔　　　　　　　　〕

(4) バッタのなかまを昆虫類（こんちゅうるい）というのに対して，カニなどのなかまを何といいますか。 〔　　　　　　　類〕

(5) イカなどのなかまを何といいますか。 〔　　　　　　　　〕

(6) イカのなかまがもつ，内臓を包んでいる膜（まく）を何といいますか。 〔　　　　　　　〕

(7) 次の**ア〜オ**から，イカと同じなかまの動物をすべて選び，記号で答えなさい。 〔　　　　　　〕

　ア マイマイ　**イ** ミミズ　**ウ** イモリ　**エ** アサリ　**オ** ザリガニ

1 有機物と無機物

(1)物体と物質

- ⊙ _____…ものを使う目的や形・大きさなどの外観に注目したときの名称。

- ⊙ _____…ものをつくっている材料に注目したときの名称。

物体と物質

✎下の〔　〕の中に言葉を入れて、図を完成させましょう。

〔　　　〕→ コップ

スプーン

〔　　　〕→ ガラス　　プラスチック　　ステンレス

(2)有機物と無機物

- ⊙ 有機物…炭素をふくみ、加熱すると黒くこげて炭になり、

    燃えて _____ と _____ ができる物質。

    〔気体〕　　〔液体〕

  > 炭素や二酸化炭素は炭素をふくむが無機物に分類される。

- ⊙ 無機物…有機物以外の物質。

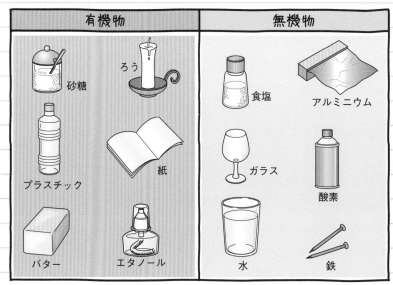

有機物	無機物
砂糖　ろう　プラスチック　紙　バター　エタノール	食塩　アルミニウム　ガラス　酸素　水　鉄

実験

目的 白い粉末A〜Cの性質をいろいろな方法で調べ、それぞれ食塩、砂糖、かたくり粉のどれかを区別する。

> かたくり粉はデンプンでできている。

方法 ①手ざわりを　　　②においを　　　③水に入れたときの
　　　　調べる。　　　　　調べる。　　　　　ようすを調べる。

④加熱したときのようすを調べる。

> 石灰水は二酸化炭素があると白くにごる。

 燃焼さじにのせガスバーナーで加熱する。

 燃えたら石灰水を入れたびんに入れる。

石灰水

 火が消えたらふたをしてふる。

結果

	A	B	C
手ざわり	さらさら	さらさら	キュッと音がした。
におい	なし	なし	なし
水に入れたときのようす	とけた。	とけた。	とけずに白くにごった。
加熱したときのようす	燃えて黒くこげた。石灰水は白くにごった。	燃えなかった。	燃えて黒くこげた。石灰水は白くにごった。

・AとBは水にとけ、Cは水にとけない。

・AとCは燃えて石灰水が白くにごった。

　→ ＿＿＿＿＿＿＿ が発生。

　→ AとCは ＿＿＿＿＿ 、Bは ＿＿＿＿＿ である。

> 無機物には燃えるものもあるが、二酸化炭素は発生しない。

食塩は ＿＿＿ 、砂糖は ＿＿＿ 、かたくり粉は ＿＿＿ である。

2 金属と密度

(1)金属の性質

物質は，金，銀，銅，アルミニウムなどの＿＿＿＿と，

それ以外の＿＿＿＿に分けられる。

金属	非金属
金，銀，銅，鉄，アルミニウム，亜鉛 マグネシウムなど	ガラス，木，プラスチック，水，ゴム，食塩など

実験

目的 金属の性質を調べる。

方法

①紙やすりでみがく。　②金づちでたたく。　③豆電球につなぐ。　④湯につける。　⑤磁石に近づける。

調べる金属

木　プラスチック　鉄　銅　アルミニウム　湯

結果

✎下の〔　〕の中に言葉を入れて，表を完成させましょう。

	①みがく	②たたく	③豆電球	④あたためる	⑤磁石
鉄	光る	うすく広がる	つく	あたたまりやすい	〔　　　〕
アルミニウム	〔　　　〕	うすく広がる	〔　　　〕	あたたまりやすい	つかない
銅	〔　　　〕	〔　　　〕	〔　　　〕	あたたまりやすい	〔　　　〕

まとめ 金属の性質

・みがくと＿＿＿＿＿（金属光沢）。

・たたくと＿＿＿＿＿（展性）。

・引っぱると＿＿＿＿＿（延性）。

・電気を＿＿＿。

・熱を＿＿＿＿。

鉄は磁石につくが，アルミニウムや銅は磁石につかない。

→ 磁石につく性質は，金属に共通の性質ではない。

(2)密度

物質1cm³あたりの質量を　　　　　といい,
単位はg/cm³である。

質量は,物質そのもの
の量で,上皿てんび
んではかることがで
きる。

$$密度〔g/cm³〕= \frac{〔g〕}{〔cm³〕}$$

求めたいものを
指でかくす。

同じ種類の物質は密度が　　　　　　　　,
密度によって物質を区別することができる。

例題

①体積8cm³,質量84gの物体の密度は何g/cm³ですか。

$$密度〔g/cm³〕= \frac{質量〔g〕}{体積〔cm³〕}より,$$

$$\frac{〔g〕}{〔cm³〕} = \underline{\quad\quad}〔g/cm³〕$$

②体積20cm³,密度2.7g/cm³の物体の質量は何gですか。

質量〔g〕= 密度〔g/cm³〕×体積〔cm³〕より,

　　　　〔g/cm³〕×　　　　〔cm³〕

= 　　　　〔g〕

(3)密度と物体の浮き沈み

物体を液体に入れたときに浮くか沈むかは,
液体と物体の密度の大小で決まる。

◉液体より密度が小さい物体…　　　　　　。
◉液体より密度が大きい物体…　　　　　　。

水に氷と鉄を入れたとき

浮く	氷	<		<	鉄	沈む
	0.92〔g/cm³〕		1.00〔g/cm³〕		7.87〔g/cm³〕	

木
水
ビー玉
(ガラス)

★物体の浮き沈み

3 気体①

(1)酸素

二酸化マンガンにうすい過酸化水素水(オキシドール)を加えると，　　　　　が発生する。

> 二酸化マンガンは，それ自身は変化せず，ほかの物質が変化するのを助けるはたらきをする。

酸素の発生方法

✎下の〔　〕の中に言葉を入れて，図を完成させましょう。

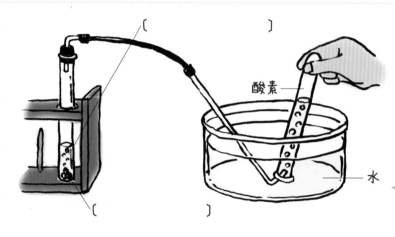

〔　　　　　〕

酸素

水

〔　　　　　〕　　〔　　　　　〕

ゴロ

二酸化マンガン
マンガ家
過酸化水素水
母さん
酸素
散歩する。

●酸素の性質

色	→	
におい	→	
密度	→	空気より
水へのとけやすさ	→	
その他	→	ものを燃やすはたらきがある

線香

ボッ

> 酸素が入ったびんに火のついた線香を入れると，線香が炎を上げて激しく燃える。

(2) 二酸化炭素

石灰石（せっかいせき）にうすい塩酸を加えると，　　　　　　　　が発生する。

炭酸水素ナトリウムにうすい塩酸を加えたり，

炭酸水を加熱しても二酸化炭素が発生する。

> 石灰石のかわりに，貝殻（かいがら）や卵の殻などを用いても二酸化炭素が発生する。

二酸化炭素の発生方法

✎下の〔　〕の中に言葉を入れて，図を完成させましょう。

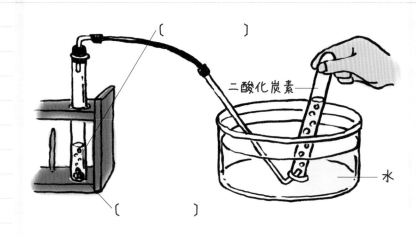

〔　　　　　　　〕

二酸化炭素

水

〔　　　　　　　〕

● 二酸化炭素の性質

色　　　　　　　　　→

におい　　　　　　　→

密度　　　　　　　　→　空気より

水へのとけやすさ　→

その他　　　　　　　→　水にとけると，　　　　　を示す

石灰水を

> 二酸化炭素が水にとけたものが炭酸水で，弱い酸性を示す。

4 気体②

(1)アンモニア

塩化アンモニウムと水酸化カルシウムの混合物を加熱する

と、＿＿＿＿＿＿＿＿が発生する。

> アンモニア水を加熱してもアンモニアが発生する。

アンモニアの発生方法 ✎下の〔 〕の中に言葉を入れて、図を完成させましょう。

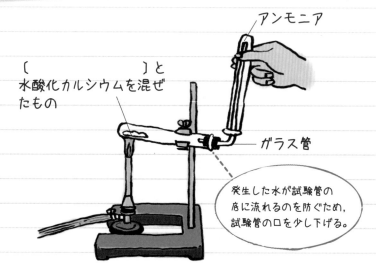

アンモニア

〔 〕と
水酸化カルシウムを混ぜ
たもの

ガラス管

> 発生した水が試験管の底に流れるのを防ぐため、試験管の口を少し下げる。

● アンモニアの性質

色　　　　　　　　　→

におい　　　　　　　→

密度　　　　　　　　→ 空気より

水へのとけやすさ　→

その他　　　　　　　→ 水にとけると、

　　　　　　　　　　　を示す

> アンモニアが水にとけアルカリ性となるため、フェノールフタレイン溶液は赤色になる。

● アンモニアの噴水

赤色の噴水ができる。

アンモニア

スポイトで水を入れる。

水そう

フェノールフタレイン溶液を加えた水

> フラスコに水を入れると、アンモニアが水にとけ、フラスコ内の気体が減り、水そうの水が吸い上げられる。

(2)水素

亜鉛やマグネシウム，鉄などの金属にうすい塩酸を加えると
　　　　　が発生する。

水素の発生方法

✏下の〔　〕の中に言葉を入れて，図を完成させましょう。

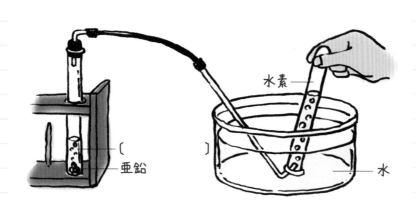

〔　　　　〕—亜鉛　　水素　　水

◉ 水素の性質

色　　　　　　　　 →

におい　　　　　　 →

密度　　　　　　　 → 空気より

水へのとけやすさ →

その他　　　　　　 → 空気中でよく燃え，

　　　　　　　　　　 燃えると　　　　ができる

> 物質の中で最も密度が小さい。

> マッチの火を近づけると，ポンと音を立てて気体が燃える。

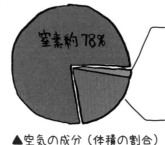

(3)窒素

窒素は，空気の成分の約　　　　%をしめる。

窒素約78%

その他の気体約1%
アルゴン 0.93%
二酸化炭素 0.04%
その他

酸素 約21%

▲空気の成分（体積の割合）

◉ 窒素の性質

色　　　　　　　　 →

におい　　　　　　 →

密度　　　　　　　 → 空気より

水へのとけやすさ →

5 気体③

(1)気体の集め方

気体は，水へのとけやすさ，空気と比べた密度(みつど)によって，
水上置換法(すいじょうちかんぽう)，上方置換法(じょうほうちかんぽう)，下方置換法(かほうちかんぽう)のいずれかで集めるこ
とができる。

気体の集め方

✏下の〔 〕の中に言葉を入れて，図を完成させましょう。

〔　　　　　　　　〕 はじめに水を
満たしておく。

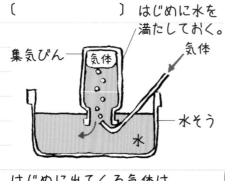

集気びん

はじめに出てくる気体は
集めない。

適した気体

→水に〔　　　　　　　〕気体

例 酸素，水素，窒素(ちっそ)，二酸化炭素 など

なぜ？
はじめに出てくる気体
には，発生装置の中の
空気が多くふくまれて
いるため。

二酸化炭素は水に少し
とけるが，水上置換法
のほうが純粋(じゅんすい)な気体を
集めることができる。

〔　　　　　　　　〕

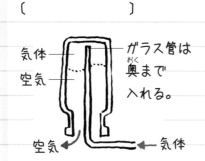

気体
空気

ガラス管は
奥(おく)まで
入れる。

空気 ← 気体

適した気体

→水に〔　　　　　　　〕，
空気より密度が〔　　　　　　〕気体

例 アンモニア

〔　　　　　　　　〕

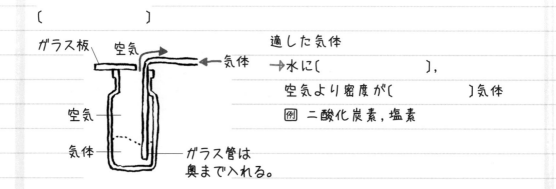

ガラス板　空気

← 気体

空気

気体

ガラス管は
奥まで入れる。

適した気体

→水に〔　　　　　　　〕，
空気より密度が〔　　　　　　〕気体

例 二酸化炭素，塩素

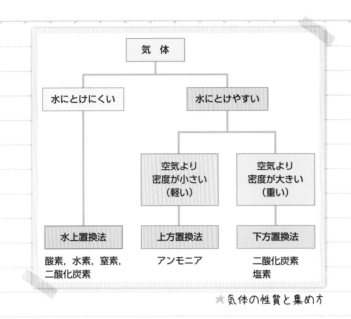

★気体の性質と集め方

(2) 気体の見分け方

気体の性質を調べることで, 何の気体か見分ける。

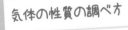
気体の性質の調べ方

✐下の〔　〕の中に言葉を入れて, 図を完成させましょう。

〔　　　　　〕を調べる。　〔　　　　　　　　〕を調べる。　ものを燃やすはたらき
を調べる。

白い紙の前に置く。　　　あおぐよう
にしてかぐ。

火のついた
線香を入れる。

石灰水の変化を調べる。　　燃えるかどうかを調べる。

石灰水を
入れてふる。

マッチの火を近づける。

〔　　　　　　　　　〕の変化を
　調べる。

水でぬらした
リトマス紙を
近づける。

〔　　　　　　　　　　〕を
　調べる。

気体を集めた
試験管を水の中に
逆さに立てる。

確認テスト③

●目標時間：３０分　●１００点満点　●答えは別冊 21 ページ

1 砂糖，食塩，小麦粉を，図１のように，燃焼さじにのせ，それぞれガスバーナーの炎で加熱しました。火がついたものは，図２のように，石灰水を入れた集気びんの中に入れて燃やし，火が消えたあとに燃焼さじをとり出して，集気びんにふたをしてよくふると，石灰水が白くにごりました。これについて，次の問いに答えなさい。 <7点×3>

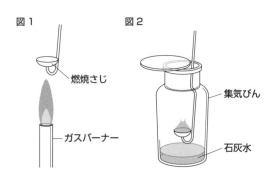

図1　燃焼さじ　ガスバーナー

図2　集気びん　石灰水

(1) 火がつかない物質はどれですか。

[　　　　　　　　]

(2) **図２**で，石灰水が白くにごったのは，物質が燃えて，何という気体が発生したためですか。気体名を答えなさい。

[　　　　　　　　]

(3) 加熱すると燃えて，(2)の気体を発生する物質を何といいますか。

[　　　　　　　　]

2 形や質量のちがう物体A～Eがあります。表１は，これらの物体の質量と体積をまとめたもので，表２はさまざまな物質の密度を表しています。これについて，次の問いに答えなさい。 <7点×6>

〈表1〉質量と体積

物体	質量〔g〕	体積〔cm³〕
A	94.5	35.0
B	48.4	51.5
C	224.0	25.0
D	157.4	20.0
E	393.5	50.0

〈表2〉さまざまな物質の密度

物質	密度〔g/cm³〕
ポリエチレン	0.92 ～ 0.97
アルミニウム	2.70
鉄	7.87
マグネシウム	1.74
銅	8.96

(1) 物体**A**の密度は，何 g/cm³ ですか。

[　　　　　　 g/cm³]

(2) A～Eのうち，同じ物質でできた物体はどれとどれですか。記号で答えなさい。

[　　　　と　　　　]

(3) 物体Cと同じ物質でできた質量 600.0 g の物体の体積は何 cm³ になりますか。四捨五入して整数で答えなさい。

〔　　　　　　　　　　　　cm³〕

(4) 表2から，物体Cは何と考えられますか。

〔　　　　　　　　　　　〕

(5) 物体Cの特徴としてあてはまらないものはどれですか。記号で答えなさい。

ア 電気を通しやすい。　　**イ** 熱を伝えやすい。　　〔　　　　　　〕

ウ 磁石につく。　　　　　**エ** 特有の光沢がある。

(6) **A〜E**のうち，水に入れたとき，水に浮く物体はどれですか。記号で答えなさい。ただし，水の密度は 1.0 g/cm³ とします。　　〔　　　　　　〕

3 次の表は，気体A〜Dの発生方法をまとめたものです。これについて，あとの問いに答えなさい。

〈(1)〜(3)，(5) 6点× 5，(4) 7点〉

気体	発生方法
A	亜鉛にうすい塩酸を加える。
B	石灰石にうすい塩酸を加える。
C	二酸化マンガンにうすい過酸化水素水を加える。
D	塩化アンモニウムと水酸化カルシウムの混合物を加熱する。

(1) 気体Aは何ですか。気体名を答えなさい。

〔　　　　　　　　　　　〕

(2) 気体Bで，石灰石のかわりに用いても気体Bが発生するものを，次の**ア〜エ**から1つ選び，記号で答えなさい。　　〔　　　　　　〕

ア 二酸化マンガン　　**イ** 貝殻　　**ウ** マグネシウム　　**エ** 鉄

(3) 気体Cの性質として正しいものを，次の**ア〜エ**から1つ選び，記号で答えなさい。

ア 空気の体積のおよそ78％をしめる。　　〔　　　　　　〕

イ 水でぬらした赤色リトマス紙を青色に変える。

ウ マッチの火を近づけると，音を立てて気体が燃える。

エ 火のついた線香を入れると，線香が激しく燃える。

(4) 気体Dを集めるのに適した集め方は何ですか。

〔　　　　　　　　　　　〕

(5) 気体Dを(4)の方法で集めるのは，気体Dにどのような性質があるからですか。その性質を2つ答えなさい。

〔　　　　　　　　〕〔　　　　　　　　〕

1 水溶液

(1)物質が水にとけるようす

物質がとけた液体を　　　　　といい，

とかしている液体が水の場合をとくに　　　　　　という。

水溶液には，塩酸などのように，気体を水にとかしたものもある。

◉ 水溶液の特徴

・　　　　　で，色のついたものもある。

・どの部分も濃さは　　　　　。

・時間がたっても濃さは　　　　　　　。

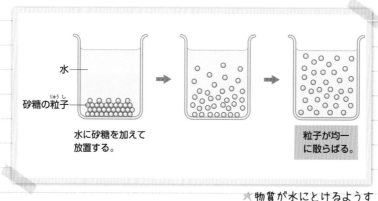

水に砂糖を加えて放置する。

粒子が均一に散らばる。

★ 物質が水にとけるようす

◉ 水溶液ではない液体の特徴

・かき混ぜているときはにごっている。

・放置すると物質は　　　　　。

粒子が沈まなくても透明ではない牛乳は，水溶液でない。

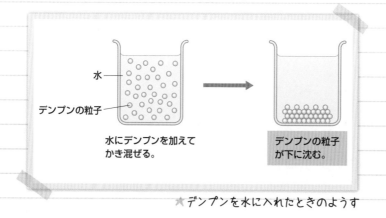

水にデンプンを加えてかき混ぜる。

デンプンの粒子が下に沈む。

透明じゃない！　溶けない…

牛乳，泥水など

★ デンプンを水に入れたときのようす

(2) ろ過

ろ紙などを使って，液体と固体を分けることを _____ という。

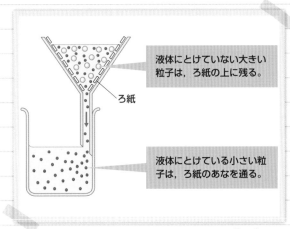

液体にとけていない大きい粒子は，ろ紙の上に残る。

液体にとけている小さい粒子は，ろ紙のあなを通る。

ろ紙

★ ろ過のしくみ

ろ過のしかた

🖋下の〔 〕の中に言葉を入れて，図を完成させましょう。

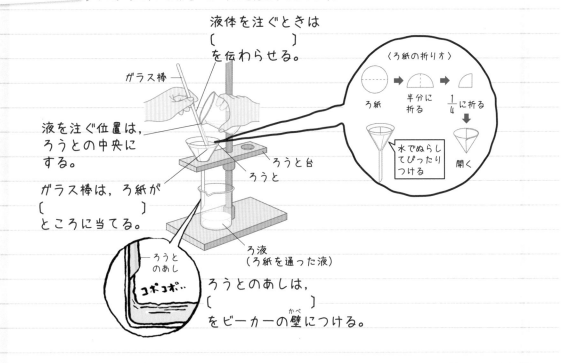

液体を注ぐときは
〔　　　　　　　〕
を伝わらせる。

ガラス棒

液を注ぐ位置は，
ろうとの中央に
する。

ガラス棒は，ろ紙が
〔　　　　　　　〕
ところに当てる。

ろうと台
ろうと

〈ろ紙の折り方〉

ろ紙　半分に折る　1/4 に折る

水でぬらしてぴったりつける　開く

ろ液
（ろ紙を通った液）

ろうとのあし

コポコポ

ろうとのあしは，
〔　　　　　　　〕
をビーカーの壁につける。

43

2 質量パーセント濃度

(1)溶液のつくり

液体にとけている物質を _____ ，溶質をとかしている液体
を _____ ，溶質が溶媒にとけた液を _____ という。

> 溶媒が水の溶液を
> 水溶液という。

溶液のつくり

✏下の〔 〕の中に言葉を入れて，図を完成させましょう。

とけている物質	物質をとかしている 液体	物質が液体にとけたもの

 + =

〔　　　　〕　　　　　　〔　　　　　　　〕　　　　　　溶液

◉溶液の質量の関係

溶質の質量　＋　_____ の質量　＝　溶液の質量

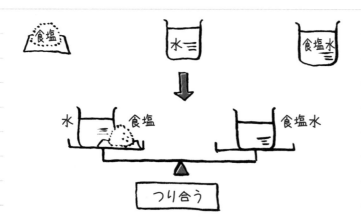

> 食塩の粒子が見え
> なくなっても質量
> は変わらない。

◉純粋な物質と混合物

・_____ …1種類の物質でできているもの。

　例：塩化ナトリウム(食塩)，水，鉄など。

・_____ …いくつかの物質が混ざり合ったもの。

　例：食塩水，ジュース，空気など。

(2)質量パーセント濃度

溶質の質量が，溶液全体の質量の何%にあたるかを表したも

のを ＿＿＿＿＿＿＿＿＿ という。

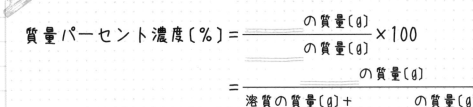

$$質量パーセント濃度〔\%〕 = \frac{\underline{\quad}の質量〔g〕}{\underline{\quad}の質量〔g〕} \times 100$$

$$= \frac{\underline{\quad}の質量〔g〕}{溶質の質量〔g〕 + \underline{\quad}の質量〔g〕} \times 100$$

例題　100gの水に25gの砂糖をとかした砂糖水A，210g
の水に40gの砂糖をとかした砂糖水Bがありま
す。砂糖水A，Bの質量パーセント濃度を求め，ど
ちらの水溶液が濃いか答えなさい。

砂糖水A

砂糖25g　　　　水100g

・砂糖水Aの濃度

$$= \frac{\underline{\quad}〔g〕}{(\underline{\quad} + 100)〔g〕} \times 100$$

$$= \underline{\quad}〔\%〕$$

砂糖水B

砂糖40g　　　　水210g

・砂糖水Bの濃度

$$= \frac{\underline{\quad}〔g〕}{(\underline{\quad} + 210)〔g〕} \times 100$$

$$= \underline{\quad}〔\%〕$$

砂糖水Aの濃度 = 20〔%〕

砂糖水Bの濃度 = 16〔%〕

↓

砂糖水Aのほうが濃い。

質量パーセント濃度
の数値が大きいほど
濃い水溶液である。

3 溶解度

(1)溶解度

◎溶解度…一定量の水にとかすことができる物質の限度の
量。ふつう水　　　　　gにとける溶質の質量で
表す。

> 溶解度は物質の種類によって決まっている。

◎飽和水溶液…溶質が溶解度までとけていることを
　　　　　　　したといい,その水溶液を
　　　　　　　という。

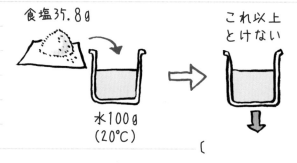

飽和水溶液　✏下の〔 〕の中に言葉を入れて,図を完成させましょう。

20℃のとき

食塩(塩化ナトリウム)の溶解度は35.8

食塩35.8g

これ以上とけない

水100g
(20℃)

〔　　　　　　　　　〕

◆水の温度が一定のとき,
物質がとける質量は,とかす水の質量に比例する。

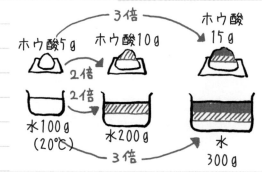

3倍

ホウ酸15g

ホウ酸5g　ホウ酸10g

2倍

2倍

水100g
(20℃)　水200g　水300g

3倍

> 水の量が2倍,3倍になると,とける物質の量も2倍,3倍になる。

・20℃の水100gにとける食塩の質量は35.8gである。

このとき,

20℃の水200gには,食塩は　　　　　gとける。

(2)溶解度と温度

溶解度 は, 物質の種類と　　　　　　で決まり, 多くの固体では
水の温度 が高くなると溶解度は　　　　　　なる。

> 固体でも, 水酸化カルシウムは水の温度が高くなると, 溶解度は小さくなる。

溶解度曲線　✎下の〔 〕の中に言葉を入れて, 図を完成させましょう。

物質の温度ごとの溶解度をグラフに表したものを
〔　　　　　　　〕という。

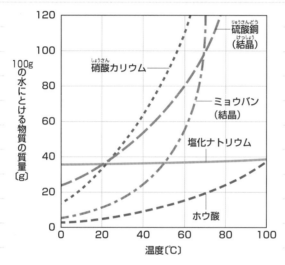

◎温度が高くなると溶解度が大きくなる物質

〔　　　　　　〕, 〔　　　　　　　　〕

〔　　　　　　〕, 〔　　　　　　　　〕

◎温度による溶解度の変化があまりない物質

〔　　　　　　　　　　　〕

◆温度が高くなると溶解度も大きくなる物質では, とけ残りが
出たとき, 水の温度を上げるとすべてとかすことができる。

> 水の温度を上げても, とける量があまり変わらない物質は, 水の質量をふやしてとかす。

とけ残った。　　水溶液をあたためる。　　すべてとける。

4 再結晶

(1)結晶

いくつかの平面で囲まれた規則正しい形の固体を　　　　と
いい, 物質特有の色や　　　　をしている。

> **いろいろな結晶**　🖊下の〔 〕の中に言葉を入れて, 図を完成させましょう。

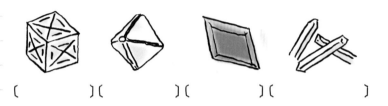

〔　　　　　　〕〔　　　　　　〕〔　　　　　　〕〔　　　　　　　　　〕

(2)再結晶

物質を一度水にとかし, 再び結晶としてとり出すことを
　　　　という。

再結晶には, 水溶液を冷やす方法と, 水を蒸発させる方法が
ある。

> 再結晶により, 少量の不純物をふくむ混合物から, 純粋な物質をとり出すこともできる。

◎水溶液を冷やす方法

水溶液を冷やし, とけきれなくなった物質を結晶としてと
り出す。温度による溶解度の差が　　　　　　物質に適して
いる。

> ミョウバン, 硫酸銅, 硝酸カリウム, ホウ酸に適している。

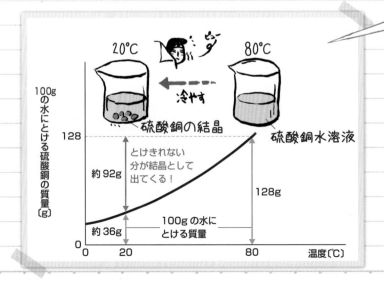

20℃　　冷やす　　80℃
硫酸銅の結晶
硫酸銅水溶液

100gの水にとける硫酸銅の質量〔g〕

128
とけきれない分が結晶として出てくる！
約92g
128g
約36g
100gの水にとける質量
0　　20　　　　　　80　　温度〔℃〕

◉水溶液から水を蒸発させる方法

水溶液を加熱し，水を蒸発させて結晶をとり出す。温度に
よる溶解度の差が　　　　　　物質に適している。

結晶

塩化ナトリウムに
適している。

実験

目的

水溶液から，とけている物質を固体としてとり出す。

方法

3gの塩化ナトリウムと硝酸カリウムを，それぞれ5gの水に
とかして60℃に加熱したあと，試験管を20℃に冷やす。また，
試験管の中の水溶液を少量とり，加熱して水を蒸発させる。

結果

	塩化ナトリウム	硝酸カリウム
水にとかす。	とけ残る。	とけ残る。
加熱する。	とけ残る。	全部とける。
冷やす。	変化なし。	固体が出てくる。
水を蒸発させる。	固体が出てくる。	固体が出てくる。

結晶のようす

　　　　　　塩化ナトリウム　　　硝酸カリウム

まとめ

・物質によって溶解度は　　　　　　。
・水溶液を冷やすと結晶をとり出すことができる物質
（　　　　　　　　）と，水溶液を冷やしても結晶をとり出
すことができない物質（　　　　　　　　　）がある。
・水溶液を加熱し水を蒸発させると，結晶が出てくる。
・結晶の形は物質によって　　　　　　。

なぜ？
塩化ナトリウム水溶液
を冷やしても再結晶し
ないのは，塩化ナトリ
ウムは温度による溶解
度の差が小さいから。

↓

再結晶により結晶をとり出し，結晶を観察することで，物質
を区別することができる。

5 状態変化①

(1)物質の状態

物質には固体，液体，気体の３つの状態がある。

 …形や体積がほとんど変化しない。

 …体積はほとんど変化しないが，形は容
器の形に合わせて変化する。

 …形も体積も変化する。

ゆげ
ここ

> 二酸化炭素の固体
> であるドライアイ
> スのように，固体
> から直接気体にな
> る物質もある。

(2)状態変化
じょうたいへんか

物質が温度によって固体⇄液体⇄気体と変化することを状
態変化といい，状態変化が起こると，体積は　　　　　が，
しつりょう
質量は　　　　　。

状態変化のようす

✎下の〔 〕の中に言葉を入れて，図を完成させましょう。

状態変化

〔　　　〕 ─加熱→ 液体 ─加熱→ 〔　　　〕
れいきゃく
←冷却─ ←冷却─

状態変化と体積変化

固体 〔　　〕⇄〔　　〕 液体 〔　　〕⇄〔　　〕 気体

りゅうし
粒子がすきまなく，
規則正しく並んで
いる。

かんかく　　ひかく
粒子の間隔が少し
広がり，比較的自
由に動ける。

粒子の運動が活発
になり，体積が大
きくなる。

> 状態変化をしても，物
> 質の粒子の数は変化
> しないので，物質の質
> 量は変わらない。

> 水より氷の密度が
> みつど
> 小さくなるため，氷
> は水に浮く。

★水の体積変化（例外）

氷 〔　　〕⇄〔　　〕 水 〔　　〕⇄〔　　〕 水蒸気

実験

目的 状態変化と体積や質量の関係を調べる。

実験Ⅰ 〈液体のろう→固体のろう〉

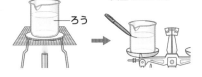

❶ろうをビーカーに入れ,熱してとかす。

❷液面の高さに印をつけ,ビーカーごと質量をはかる。

❸冷やして,固体のろうにする。

❹全体の質量をはかる。また,つけた印を見て体積も比較する。

実験Ⅱ 〈水→氷〉

❶試験管に $\frac{1}{3}$ ほど水を入れ,水面の位置に印をつける。

❷試験管とビーカー全体の質量をはかる。

❸ビーカーに寒剤を入れて試験管の水をこおらせる。

寒剤
(氷と食塩を
3:1の割合で
混ぜたもの)

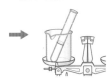

❹全体の質量をはかる。また,つけた印を見て体積も比較する。

結果

 下の〔 〕の中に言葉を入れて,表を完成させましょう。

		体積	質量	密度
Ⅰ	液体のろう→固体のろう	〔　　　　〕	〔　　　　〕	〔　　　　〕
Ⅱ	水(液体)→氷(固体)	〔　　　　〕	〔　　　　〕	〔　　　　〕

> 密度は「質量÷体積」で求めることから考える。

まとめ

・ろうが液体から固体へと状態変化するとき,
体積は減少するが,質量は変化しない。

・水が液体から固体へと状態変化するとき,
体積は増加するが,質量は変化しない。

↓

状態変化するとき,体積は変化するが,質量は変化しない。

6 状態変化②

(1)状態変化するときの温度

- ◎ ＿＿＿＿＿…固体がとけて液体に変化するときの温度。
- ◎ ＿＿＿＿＿…液体が沸騰して気体に変化するときの温度。

どちらも純粋な物質では決まった値を示し,物質を区別する手がかりとなる。

水の状態変化　✏下の〔 〕の中に言葉を入れて,図を完成させましょう。

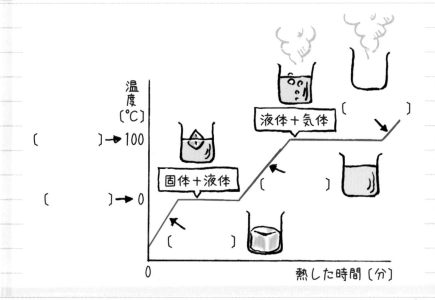

(2)混合物を加熱したときの温度変化

混合物の融点や沸点は,決まった値を示さない。

> 1種類の物質でできているものを純粋な物質,いくつかの物質が混ざり合ったものを混合物という。

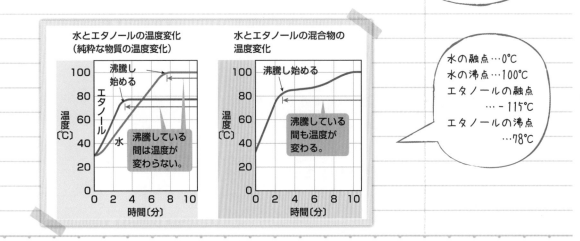

> 水の融点…0℃
> 水の沸点…100℃
> エタノールの融点
> 　…-115℃
> エタノールの沸点
> 　…78℃

(3) 蒸留

液体を沸騰させ、出てくる気体を冷やして再び液体としてとり出す方法を_____という。

> 蒸留で得られた液体をくり返し蒸留することで、より純粋に近い物質を得ることができる。

実験

目的 水とエタノールの沸点のちがいを利用し、水とエタノールの混合物を分離する。

方法 水とエタノールの混合物を蒸留する。

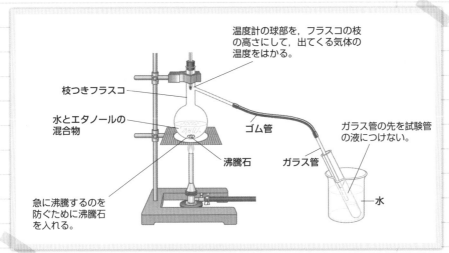

温度計の球部を、フラスコの枝の高さにして、出てくる気体の温度をはかる。

枝つきフラスコ
水とエタノールの混合物
ゴム管
ガラス管の先を試験管の液につけない。
沸騰石
ガラス管
水
急に沸騰するのを防ぐために沸騰石を入れる。

結果 下の〔 〕の中に言葉を入れて、表を完成させましょう。

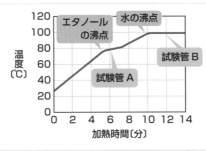

温度〔℃〕 エタノールの沸点 水の沸点 試験管A 試験管B 加熱時間〔分〕

	気体の温度	におい	火をつけたようす
試験管A	70〜80℃	エタノールのにおい	〔　　　　〕
試験管B	90℃以上	〔　　　〕	〔　　　　〕

まとめ 水とエタノールの混合物を蒸留すると、はじめに沸点の低い_____が、あとから沸点の高い____が多く出てくる。

確認テスト④

●目標時間：３０分　●１００点満点　●答えは別冊 21 ページ

1 20℃の水 80g が入ったビーカーに，砂糖 20g を加えて砂糖水をつくりました。これについて，次の問いに答えなさい。　　　　　　　　　　　　　　　　＜7点×4＞

(1) 砂糖水について述べた次の文の（ ① ），（ ② ）にあてはまる語を答えなさい。

　　砂糖水の砂糖のように，液体にとけている物質を（ ① ）といい，水のように，物質をとかしている液体を（ ② ）という。

① 〔　　　　　　　　　　〕　② 〔　　　　　　　　　　〕

(2) ビーカーにふたをし，温度を 20℃に保ったまま砂糖水を３日間放置しました。このときの砂糖水のようすを粒子のモデルを用いて表したものとして適切なものを，右の**ア～ウ**から１つ選び，記号で答えなさい。

〔　　　　　　〕

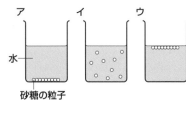

(3) この砂糖水の質量パーセント濃度は何％になりますか。

〔　　　　　　　　　％〕

2 右の図は，ミョウバン，塩化ナトリウム，ホウ酸の 100g の水にとける物質の質量と水の温度との関係をグラフに表したものです。これについて，次の問いに答えなさい。　　　　　＜8点×3＞

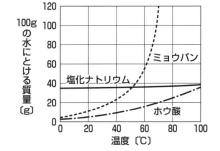

(1) 100 g の水にとける物質の限度の量を何といいますか。

〔　　　　　　　　　　〕

(2) 60℃の水 100 g が入ったビーカーを３つ用意し，それぞれのビーカーにミョウバン，塩化ナトリウム，ホウ酸をとけるだけとかしたあと，ビーカーを 20℃まで冷やして結晶をとり出しました。

① 最も多くの結晶が得られた物質はどれですか。物質名を答えなさい。

〔　　　　　　　　　　〕

② ほとんど結晶が得られなかった水溶液から結晶をとり出すにはどうすればよいですか。簡単に答えなさい。

〔　　　　　　　　　　〕

3 右の図は，氷を加熱したときの温度変化を表したものです。これについて，次の問いに答えなさい。　＜5点×4＞

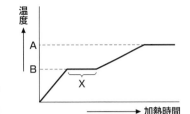

(1) 図の**A**，**B**の温度をそれぞれ何といいますか。

A〔　　　　　　　〕　B〔　　　　　　　　〕

(2) 図の**X**のとき，物質はどのような状態になっていますか。次の**ア**～**オ**から1つ選び，記号で答えなさい。　〔　　　　　〕

　ア 固体のみ　　　**イ** 液体のみ　　　**ウ** 気体のみ
　エ 固体と液体が混ざっている。　　　**オ** 液体と気体が混ざっている。

(3) 固体の氷から液体の水に変化したとき，体積と密度はそれぞれどのように変化しますか。次の**ア**～**エ**から1つ選び，記号で答えなさい。　〔　　　　　〕

　ア 体積は大きくなり，密度は小さくなる。　　**イ** 体積は小さくなり，密度は大きくなる。
　ウ 体積も密度も大きくなる。　　　　　　　**エ** 体積も密度も小さくなる。

4 図のように，エタノール5cm³と水15cm³の混合物を枝つきフラスコに入れて加熱し，出てきた気体を冷やして液体にし，約4cm³ずつA，B，Cの順に3本の試験管に集めました。これについて，次の問いに答えなさい。

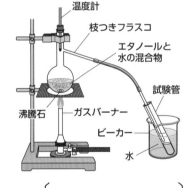

＜7点×4＞

(1) この実験のように，液体を沸騰させ，出てきた気体を冷やして集める方法を何といいますか。

〔　　　　　　　　　　　　　　　　　　〕

(2) 混合物を加熱するとき，図のように，沸騰石を入れたのはなぜですか。簡単に答えなさい。

〔　　　　　　　　　　　　　　　　　　　　　　　　　　　　〕

(3) 混合物を加熱したときの温度変化を表したグラフとして適切なものを，次の**ア**～**エ**から1つ選び，記号で答えなさい。

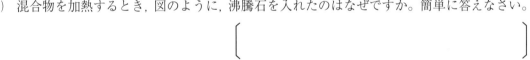

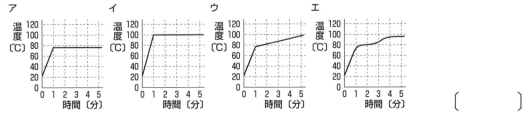

〔　　　　　〕

(4) 液体を集めた試験管のうち，エタノールを最も多くふくんでいたのはどれですか。**A**～**C**から1つ選び，記号で答えなさい。　〔　　　　　〕

1 光の進み方

(1)光の進み方

◆ 太陽や電球などの　　　　　から出た光は　　　　　する。

○ 光が物体に当たってはね返る現象を光の　　　　　という。

物体に入ってくる光を　　　　　，反射した光を
　　　　　という。

物体の表面に垂直な線と入射光とのなす角を　　　　　　　，
反射光とのなす角を　　　　　という。

○ 光が物体に当たって反射するとき，入射角と反射角は
　　　　　なる。入射角＝反射角

これを反射の法則という。

反射の法則

✏下の〔　〕の中に言葉を入れて，図を完成させましょう。

鏡に垂直な線

〔　　　〕　　　　　　　　　　　　〔　　　〕

〔　　　〕〔　　　〕

ココじゃ
ナイっす！

「角刈り」

鏡

入射角，反射角は，鏡に
垂直に立てた線からの
角度であることに注意。

赤！！

光源から出た光が直接目
に入るときと，物体の表面
で反射して目に入るとき，
ものが見える。

赤色の光が
反射

物体

(2)鏡にうつった像

◆鏡にうつったものを物体の_____という。

◆鏡で反射した光は,鏡をはさんで物体と_____の位置から出たように進む。

鏡にうつった像

✏下の〔 〕の中に言葉を入れて,図を完成させましょう。

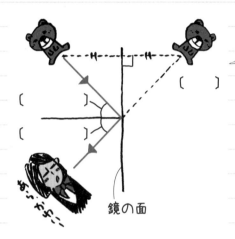

物体と鏡をはさんで対称の位置。

鏡の面

◆物体の表面には無数の小さな凹凸があるため,光は四方へ方に反射する。このような反射を_____という。

光

1つ1つの光の道すじを見れば,反射の法則が成り立っている。

★乱反射のようす

乱反射のときでも,1つ1つの光では,反射の法則が成り立っている。

(3)光と色

太陽光は白色光とよばれ,いろいろな色の光が混ざり合って白く見える。太陽光をプリズムに通すと,いろいろな色の光に分かれる。これらの目に見える光を可視光線という。物体の色が見えるのは,物体の表面で強く反射された色の光が目に届くからである。

2 光の屈折

(1)光の屈折

光が, ある物質から種類のちがう物質に進むとき,

その境界で折れ曲がって進む現象を光の＿＿＿＿＿という。

> 境界面に垂直に進む光はそのまま直進する。

○ 屈折して進む光を＿＿＿＿＿, 屈折光と境界面に垂直な線

とのなす角を＿＿＿＿＿という。

光の屈折　✎下の〔 〕の中に言葉を入れて, 図を完成させましょう。

◆ 光が空気中から水中（ガラス中）へ進むとき

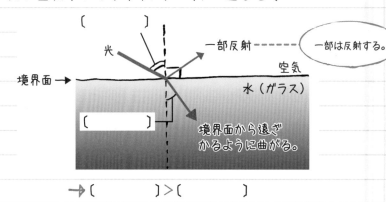

〔　　　　　〕

火

一部反射 ------- 一部は反射する。

空気

境界面 →

水（ガラス）

〔　　　　　　〕

境界面から遠ざかるように曲がる。

→〔　　　　　〕>〔　　　　　〕

◆ 光が水中（ガラス中）から空気中へ進むとき

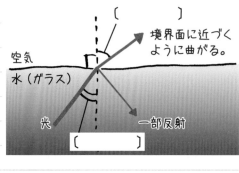

〔　　　　　〕

境界面に近づくように曲がる。

空気
水（ガラス）

火

一部反射

〔　　　　　　〕

→〔　　　　　〕<〔　　　　　〕

コイン

見えない

水を入れる

見える

★水を入れると見えるコイン　　　　　　© アフロ

(2)全反射

光が物質の境界面で,すべて反射される現象を＿＿＿＿＿という。入射角がある角度以上に大きくなると,起こる。(ガラス中または水中→空気中など)

全反射　✎下の〔　〕の中に言葉を入れて,図を完成させましょう。

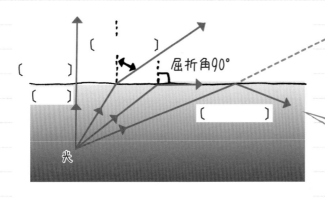

〔　　〕
〔　　　　〕
屈折角90°
〔　　　〕
〔　　　　　　〕
光

全反射は,光が境界面にななめに入射するときに起きる。

全反射するときは,光は空気中には出ていかない。

全反射を利用した応用例には,光ファイバーや直角プリズムなどがある。

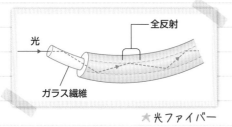

光
全反射
ガラス繊維
★光ファイバー

ガラス繊維などで,光を全反射させながら伝える。
内視鏡や通信回線などに利用。

全反射によって,水面に魚が見える。

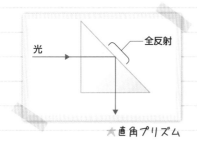

光
全反射
★直角プリズム

光の進路を変える。
双眼鏡などに利用。

© アフロ

3 凸レンズ　実像

(1)凸レンズ

虫めがねなどのように, 中央部がふくらんだレンズを
　　　　　　　　という。

> ルーペ, カメラ, 顕微鏡 などに利用されている。

近くのもの	遠くのもの
→ 大きく見える	→ 上下左右が逆さまに見える

© アフロ

平行な光を凸レンズに垂直に当てたときに, 光が集まる
点を　　　　　という。

> 焦点はレンズの両側に 1つずつある。

レンズの中心から焦点までの距離を　　　　　　　　という。

> レンズが厚いほど短い。

凸レンズ

✐下の〔　〕の中に言葉を入れて, 図を完成させましょう。

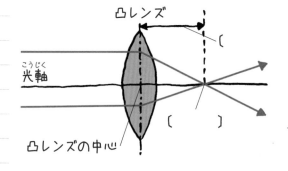

凸レンズ

光軸

凸レンズの中心

〔　　　　　〕

〔　　　〕

> 凸レンズを通る光は, 空気とレンズの境界で, レンズの厚いほうに屈折 する。

◎ 凸レンズの中心を通る光 → そのまま　　　　　する。

◎ 光軸に平行な光 → 　　　　　を通るように進む。

◎ 焦点を通って凸レンズに入った光

　　→ 光軸に　　　　　に進む。

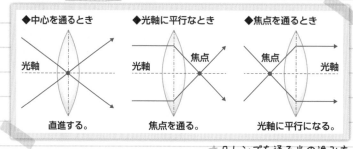

◆中心を通るとき	◆光軸に平行なとき	◆焦点を通るとき
光軸	光軸　　焦点	焦点　　　　光軸
直進する。	焦点を通る。	光軸に平行になる。

★ 凸レンズを通る光の進み方

(2) 凸レンズでできる像

○ 実像…実際に光が集まってできる像。
じつぞう

○ 虚像…光が集まってできた像ではない見かけの像。
きょぞう

> 実像は，スクリーン上に
> うつすことができる。

実像のでき方　🖊光の道すじをかいて，実像のできる位置を作図しましょう。

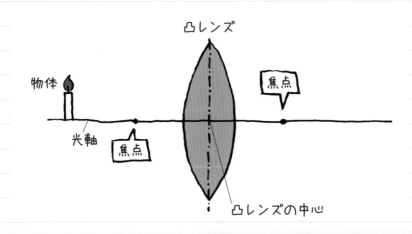

凸レンズを通った光が集まって，スクリーンにうつる像を
　　　　　　　といい，物体とは　　　　　　　　　　　　　になる。

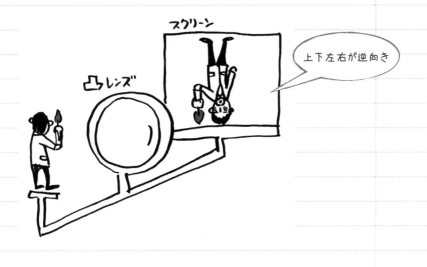

上下左右が逆向き

4 凸レンズ 虚像

凸レンズをのぞいたときに見える,

物体と同じ向きで大きく見える像を　　　　という。

虚像は, 物体が焦点よりも　　　　　にあるときにでき,

スクリーンにうつすことができない。

虚像のでき方　✎光の道すじをかいて, 虚像のできる位置を作図しましょう。

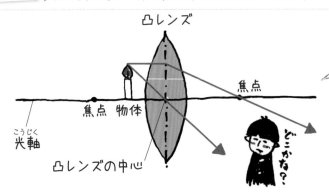

> 虚像は, 実際に光が集まってできた像ではないので, スクリーン上にうつすことはできない。

実験

目的 物体と凸レンズの距離が変化すると,

凸レンズによってできる像はどうなるかを調べる。

方法

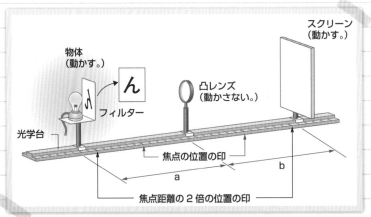

凸レンズから十分離れたところに物体を置き,

スクリーンを動かしてスクリーン上に像をつくる。

そのときの, 物体と凸レンズの間の距離(a),

凸レンズとスクリーンの間の距離(b),

像の大きさと向きを記録する。

結果

像のでき方

✏下の〔　〕の中に言葉を入れて，表を完成させましょう。

物体の位置(a)	できる像の位置(b)	像の種類	像の向き	像の大きさ
焦点距離の2倍より離れている 焦点距離の2倍の位置 焦点　　焦点	焦点と焦点距離の2倍の位置の間	実像	実物と上下左右逆向き	〔　　　〕
焦点距離の2倍 焦点距離の2倍の位置 焦点　　焦点	焦点距離の2倍の位置	〔　　〕	実物と上下左右逆向き	〔　　　〕
焦点距離の2倍の位置と焦点の間 焦点　　焦点	焦点距離の2倍より離れた位置	実像	実物と上下左右逆向き	実物より大きい
焦点の位置 焦点　　焦点	〔　　　　　　　　　　　〕			
焦点とレンズの間 ん　焦点　　焦点		〔　　〕	実物と同じ向き	〔　　　〕

まとめ
◎ 物体が焦点距離の2倍より離れた位置にあるとき
→ 実物より小さな実像ができる。
◎ 物体が焦点距離の2倍の位置にあるとき
→ 実物と同じ大きさの実像ができる。
◎ 物体が焦点距離の2倍の位置と焦点の間にあるとき
→ 実物より大きな実像ができる。
◎ 物体が焦点上にあるとき　→ 像はできない。
◎ 物体が焦点とレンズの間にあるとき　→ 虚像が見える。

5 音の伝わり方

(1) 音の伝わり方

◆ 音を発生している物体を ＿＿＿＿＿＿ または発音体といい, 音源が ＿＿＿＿＿＿ することで音が出る。

◆ 音は物体中を ＿＿＿＿ として伝わる。

振動が物体中を次々に伝わること。

実験

目的 音は空気中を伝わるが, 空気が少なくなると音の伝わり方はどうなるかを調べる。

方法 電動式のブザーを鳴らし続けて, 容器の中の空気をぬいていく。ブザーの音の変化を調べる。

ブザー
プロペラ
リボン
真空ポンプ
空気をぬく。

結果 空気が少なくなると, ブザーの音がしだいに小さくなった。

音は, 空気などの ＿＿＿＿＿, 水などの ＿＿＿＿＿＿, 金属などの ＿＿＿＿＿ の中を伝わる。

→ ＿＿＿＿＿ するものがないと音は伝わらない。

● 液体が音を伝えることの確認

アーティスティックスイミングでは, プールの中のスピーカーから出る音楽を聞いて演技している。

(2) 音の速さ

音は, 空気中を1秒間に ＿＿＿＿＿＿＿ の速さで伝わる。

└ 気温によって, この値は変化する。

光は, 1秒間に約30万kmの速さで伝わり, 音の速さの約100万倍も速い。

花火が見えて, しばらくしてから「ドーン」と音が聞こえたり, 稲光が見えて, しばらくしてから「ゴロゴロ」と音が聞こえたりするのはこのためである。

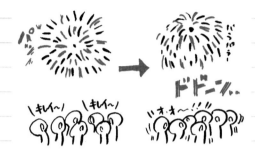

$$音の速さ〔m/s〕 = \frac{距離〔m〕}{音が伝わるのにかかった時間〔s〕}$$

> m/sは1秒間あたりに移動する距離を表す。sは, 英語のsecond(秒)の頭文字。「メートル毎秒」と読む。

 例題 音の速さを340m/sとして, 次の問いに答えなさい。

① 花火が開くのが見えてから, 花火の音が聞こえるまでに2.5秒かかりました。

花火が開いたところまでの距離は何mですか。

距離〔m〕 = 音の速さ〔m/s〕 × 音が伝わるのにかかった時間〔s〕
より,

＿＿＿〔m/s〕 × ＿＿＿〔s〕 = ＿＿＿〔m〕

② 校舎から85m離れたところでたいこをたたくと, 校舎に反射した音が聞こえるのは, たいこをたたいてから何秒後になりますか。

$$音が伝わるのにかかった時間〔s〕 = \frac{距離〔m〕}{音の速さ〔m/s〕}$$

より, $\dfrac{(85 \times \quad)〔m〕}{\quad 〔m/s〕} = \quad 〔s〕$

6 音の大きさと高さ

(1)音の大きさ

物体の振動の振れ幅を　　　　　　といい，音源の振幅が大きい

ほど，音は　　　　　　　。

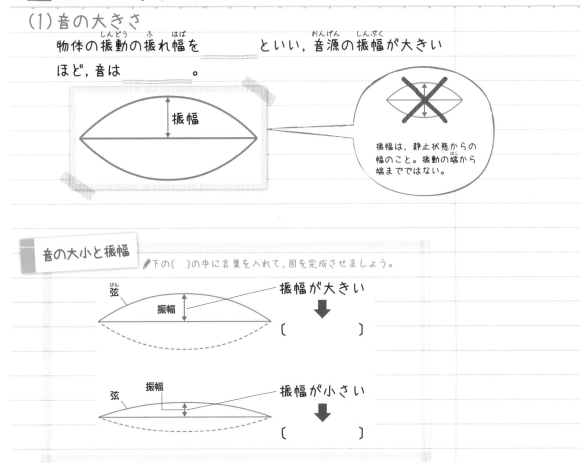

振幅は，静止状態からの幅のこと。振動の端から端までではない。

音の大小と振幅

✎下の〔　〕の中に言葉を入れて，図を完成させましょう。

弦
振幅
振幅が大きい

↓

〔　　　　　　〕

弦
振幅
振幅が小さい

↓

〔　　　　　　〕

◉大きい音→振幅が大きい。

◉小さい音→振幅が小さい。

振幅は，音源を強くたたく，強くはじくと大きくなる。

(2) 音の高さ

音源が1秒間に振動する回数を　　　　　　といい,
しんどうすう
振動数が多いほど, 音は　　　　　　。

振動数の単位は　　　　　　（記号：　　　　　）で表す。

● 高い音 → 振動数が多い。

● 低い音 → 振動数が少ない。

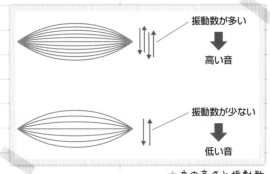

振動数が多い

↓

高い音

振動数が少ない

↓

低い音

★ 音の高さと振動数

◆ モノコードで振動数を多くする方法
　　げん
・弦の長さを　　　　　　する。

・弦の太さを　　　　　　する。

・弦を　　　　　　張る。

モノコード

音の大小は波の高さ,
　　　　　　かんかく
音の高低は波の間隔で
表される。

(3) 音の波形

　　　　　　　　　　　　なみ
コンピュータを使って音を波で表すことができる。

音の波形

✎音の波形をかいて, 図を完成させましょう。

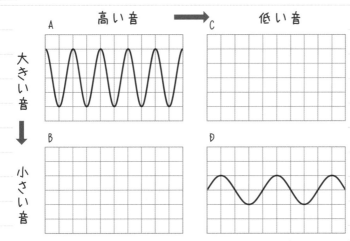

横軸…時間　縦軸…振幅

※AとC, BとDは同じ大きさの音, AとB, CとDは同じ高さの音。

67

確認テスト⑤

●目標時間：３０分　●１００点満点　●答えは別冊 22 ページ

1 図は，物体をＡ点に置いてＸ点から見たときの，物体から出た光が鏡で反射して届く光
の道すじを表したものです。これについて，次の問いに答えなさい。 ＜7点×3＞

(1) 入射角と反射角を，図の**a**〜**d**から１つずつ選び，記号で
答えなさい。　　　　　　　　　　　　入射角〔　　　　〕

反射角〔　　　　〕

(2) Ｘ点から見て物体が鏡にうつって見えるのは，**B**〜**E**のど
の位置に置いたときですか。あてはまるものをすべて選び，
記号で答えなさい。　　　　〔　　　　　　　　　〕

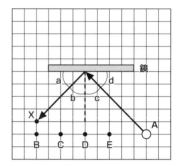

2 図のように，半円形のガラスの中心を通るように光を当てました。これについて，次の
問いに答えなさい。 ＜6点×5＞

(1) ガラスを出た光が進む道すじはどうなりますか。図の**ア**〜**ウ**か
ら１つ選び，記号で答えなさい。　　　　　　〔　　　　〕

(2) (1)のとき，入射角と屈折角の関係はどうなりますか。次の**ア**〜
ウから１つ選び，記号で答えなさい。

ア 入射角＞屈折角

イ 入射角＜屈折角

ウ 入射角＝屈折角　　　　　　　　　　〔　　　　〕

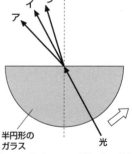
半円形の
ガラス
光

(3) 図における光の進み方と同じ現象によるものはどれですか。次の**ア**〜**エ**から１つ選び，記
号で答えなさい。　　　　　　　　　　　　　　〔　　　　〕

ア 鏡の向きを変えると，見えなかったものが見えるようになる。

イ 厚いガラスごしにななめから鉛筆を見ると，ずれて見える。

ウ 周辺の景色が，池にうつって見える。

エ 水そうを下から見ると，金魚が水面にうつって見える。

(4) 光を当てる角度を矢印（ ⇨ ）の向きに変えていくと，あるところでガラスから出てい
く光がなくなり，すべて境界面で反射するようになりました。この現象を何といいますか。

〔　　　　　　　　　　　〕

(5) (4)の現象を利用したものはどれですか。次の**ア**〜**エ**から１つ選び，記号で答えなさい。

ア 万華鏡　　**イ** ブラインド　　**ウ** 光ファイバー　　**エ** カーブミラー(凸面鏡)

〔　　　　〕

3 図のような装置で，凸レンズを固定し，ろうそくと
スクリーンの位置を変えながら，スクリーンにはっ
きりとした像がうつる位置を調べたところ，ろうそ
くと凸レンズの距離が 30 cm のとき，スクリーン
に実物と同じ大きさの像がうつりました。これにつ
いて，次の問いに答えなさい。 ＜7点×4＞

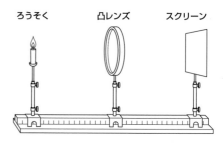

ろうそく　　　凸レンズ　　スクリーン

(1) スクリーンにうつった像を何といいますか。

〔　　　　　　　　　　　　　〕

(2) (1)の像の向きについて正しいものを，次の**ア**〜**エ**から1つ選び，記号で答えなさい。

ア 実物と同じ向きになる。

イ 実物と左右が逆向きになる。　　　　　　　　　　　〔　　　　〕

ウ 実物と上下が逆向きになる。

エ 実物と上下左右が逆向きになる。

(3) この凸レンズの焦点距離は何 cm ですか。

〔　　　　　　　　　　cm〕

(4) ろうそくと凸レンズの距離を 30 cm より大きくしていくと，スクリーンにうつる像の大
きさはどうなりますか。**ア**〜**エ**から1つ選び，記号で答えなさい。　　〔　　　　〕

ア だんだん大きくなる。　　　**イ** だんだん小さくなる。

ウ 変わらない。　　　　　　　**エ** スクリーンに像はうつらない。

4 図のようなモノコードの弦をはじいて，音の大きさや高
さを調べました。次の問いに答えなさい。 ＜7点×3＞

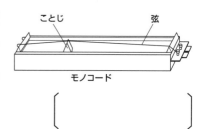

ことじ　　　　弦

モノコード

(1) 弦をはじいて音が出たとき，弦の振動を耳に伝えてい
るものは何ですか。

〔　　　　　　　　　　　　　　　〕

(2) 弦を強くはじくと，音はどのようになりますか。次の**ア**〜**エ**から1つ選び，記号で答えな
さい。

〔　　　　〕

ア 振幅が大きくなり，音が高くなる。　　**イ** 振幅が大きくなり，音が大きくなる。

ウ 振動数が多くなり，音が高くなる。　　**エ** 振動数が多くなり，音が大きくなる。

(3) 低い音を出すにはどうすればよいですか。次の**ア**〜**カ**からすべて選び，記号で答えなさい。

〔　　　　　　　　　　　　　　〕

ア 弦を長くする。　　**イ** 弦を太くする。　　**ウ** 弦を強く張る。

エ 弦を短くする。　　**オ** 弦を細くする。　　**カ** 弦を弱く張る。

1 いろいろな力とそのはたらき

(1)力のはたらき

力には，次の3つのはたらきがある。- - - - - - - - - - - - - -

①物体の　　　　　を変えるはたらき

物体に力を加えると，物体が変形したり，こわれたりする。

> 理科で使う「力」という用語は，①～③のどれかのはたらきをするときに使う。

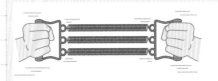

ばねを引く⇒ばねがのびる。

ねん土をこねる
⇒ねん土が変形する。

★ 物体の形を変えるはたらきの例

②物体の　　　　　　　　を変えるはたらき

静止している物体に力を加えると，物体が動き始める。運動している物体に力を加えると，物体が止まったり，運動の向きや速さが変わったりする。

置いてあるボールを打つ
⇒静止していたボールが飛ぶ。

飛んできたボールを打つ
⇒ボールの運動の向きが変わる。

★ 物体の運動のようすを変えるはたらきの例

③物体を　　　　　　はたらき

物体が落ちないように支えたり，物体を持ち上げたりするときは物体に力を加えている。

人がバーベルを支える。

柱とケーブルが橋を支える。

★ 物体を支えるはたらきの例

(2)力のはたらき方

◆ 力は物体と物体の間にはたらく。

◆ 力がはたらいているときには必ず，
力を加える物体と力を受ける物体
がある。

力を加える
物体：手

力を受ける
物体：カバン

重力，磁石の力，電気
の力は，物体が離れて
いてもはたらく。

(3)いろいろな力

◦ 重力

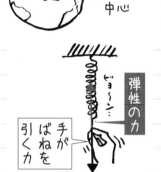

重力　　鉛直下向き
　　　　の力

地球の
中心

　　　　がその中心に向かって
物体を引く力。

◦ 弾性の力（弾性力）

変形した物体が もとにもどろう
として生じる力。

弾性
の力

手が
ばねを
引く力

◦ 摩擦の力（摩擦力）

2つの物体のふれ合う面と面の
間で，動くのをさまたげようと
する力。

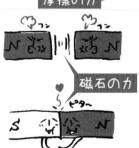

荷物を手で
おす力

力を加えた向きと
反対の向きに
はたらく。

摩擦の力

◦ 磁石の力（磁力）

磁石の極どうしの間，磁石の極と
鉄などの物体との間にはたらく
力。
同じ極どうしは反発し，
異なる極どうしは引き合う。

磁石の力

◦ 電気の力

物体をこすり合わせたときなど
に生じる電気の間にはたらく力。
引き合ったり，反発したりする。

電気
の力

同じ種類の
電気どうしは
反発し，
異なる種類の
電気どうしは
引き合う。

2 力の大きさと表し方

(1) 力の大きさ

力の大きさの単位は, ニュートン(N)を使う。

1 Nは, 約100gの物体にはたらく重力の大きさに等しい。

(2) 力の大きさとばねののび

ばねに力を加えると, ばねはのび, ばねに加える力を大きく

すると, ばねののびは_____なる。

実験

目的 力の大きさとばねののびの関係を調べる。

方法 ばねに1個30gのおもりを

つるし, ばねののびを調べる。

おもりの数をふやしていき,

そのときのばねののびを調べる。

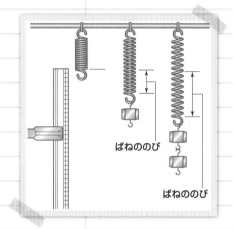

ばねののび

ばねののび

結果

おもりの個数〔個〕	0	1	2	3	4	5
力の大きさ〔N〕	0	0.3	0.6	0.9	1.2	1.5
ばねののび〔cm〕	0	1.1	2.1	3.4	4.5	5.5

グラフに
表す。

まとめ ばねののびは, ばねに加わる力の大きさに

_____する。

↓

これを_____という。

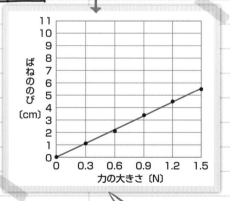

原点を通る直線の
グラフになる。
⇒比例

例題

1個30gのおもりとばねを使って, ばねののびについて調べた
ところ, 72ページの表のような結果になりました。このばねに
おもりを6個つるしたときのばねののびは何cmになりますか。

おもり1個でばねは約1.1cmのびているので, おもりを6個つ
るしたとすると, ばねののびは,

　　　　　＿＿＿＿＿×6＝＿＿＿＿＿〔cm〕

(3)力の表し方

◆力の＿＿＿＿＿, 力の＿＿＿＿＿, 力のはたらく点の
　　　　＿＿＿＿＿を＿＿＿＿＿という。

◆力を図で表すときは, ＿＿＿＿＿を使う。
　①力の大きさ…矢印の＿＿＿＿＿で表す。
　　　　　　　矢印の長さは, 力の大きさに比例させる。
　②力の向き…矢印の＿＿＿＿＿で表す。
　③作用点…矢印の＿＿＿＿＿を「●」で示す。

> 1Nの力を1cmの
> 矢印で表すとすると,
> 2Nの力は2cmの
> 矢印で表す。

力の表し方（力の矢印）

🖊力の矢印をかき,〔 〕の中に言葉を入れて,図を完成させましょう。

矢印の始点
→力の〔　　　　　〕

矢印の長さ
→力の〔　　　　　〕

矢印の向き
→力の〔　　　　　〕

物体全体に力がはたらいているときは,
1本の矢印で代表させる。

◎重力

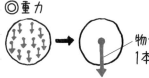

→物体の中心から
1本の矢印をかく。

3 重さと質量

(1)重さ

物体にはたらく重力(じゅうりょく)の大きさを　　　　　という。

重力とは,　　　　がその中心に向かって物体を引く力で,

地球上のすべての物体にはたらく力である。

重力の大きさは,場所や天体によって変化する。

> 月では,重力が地球の約$\frac{1}{6}$
> なので,重さは地球の約$\frac{1}{6}$
> になる。

- ◉重さの単位…重さは「力」の一種で,

  単位は　　　　　　　(記号：N)を用いる。

  地球上では,

  質量(しつりょう)約100gの物体にはたらく重力の大きさ

  が1Nである。

- ◉重さのはかり方…　　　　　　　　で

  はかることができる。

★ばねばかり

©コーベット

(2)質量

物体そのものの量を　　　　　という。

物体そのものの量なので,

場所が変わっても　　　　　　　　。

- ◉質量の単位…グラム(記号：g)やキログラム(記号：kg)な

  どを用いる。1000g＝1kg

- ◉質量のはかり方…　　　　　　　　　で

  はかることができる。

★上皿てんびん

（3）重さと質量の関係

月面上での重力を地球上の重力の $\frac{1}{6}$ とすると，質量600gの
物体の重さは，

地球上では，　　　　　，月面上では　　　　　。

> 質量100gの物体に
> はたらく重力の大きさを
> 1Nとする。

重さと質量　　✏下の〔 〕の中に言葉を入れて，図を完成させましょう。

地球上	月面上

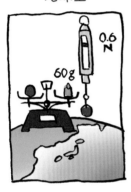

重さ…〔　　　　　〕　　重さ…〔　　　　　〕

質量…〔　　　　　〕　　質量…〔　　　　　〕

例題

地球上で，質量100gの物体にはたらく重力の大きさを1N，月
面上での重力を地球上の重力の $\frac{1}{6}$ とします。

①質量360gの物体の重さは地球上と月面上ではそれぞれい
　くらになりますか。

　地球上では

　月面上では

　となる。

> 重さはばねばかりで
> はかる。

②質量540gの物体の質量は地球上と月面上ではそれぞれい
　くらになりますか。

　地球上では

　月面上では

　となる。

> 質量は上皿てんびんで
> はかる。

4 力のつり合い

(1)力のつり合い

◆1つの物体に2つ以上の力がはたらいていて
　その物体が静止しているとき, 物体にはたらく力は
　　　　　　　　　　　　　　という。

実験

目的 物体にはたらく2力がつり合うための条件を調べる。

方法 厚紙の2つの穴に糸でばねばかりをとりつける。
両側から水平に引いて, 厚紙が動かなくなったときの2力の
大きさや向き, 位置関係を調べる。

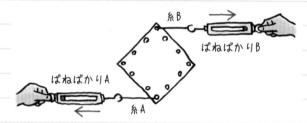

結果
・厚紙が動かなくなったとき, ばねばかりA, Bが示す値は
　同じだった。
・ばねばかりを引く向きは反対だった。
・糸AとBは一直線上にあった。

2力がつり合う条件

✏下の〔 〕の中に言葉を入れて, 図を完成させましょう。

1つの物体に2力が加わって
つり合っているとき
①2力の大きさは〔　　　　　　〕。
②2力の向きは〔　　　　　〕である。
③2力は〔　　　　　　〕にある。

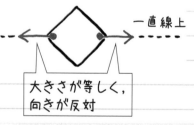

一直線上

大きさが等しく,
向きが反対

・大きさがちがうと…　　　　・一直線上にないと…

動いてしまい！　　　　　　回ってしまう！

(2) いろいろな力のつり合い

◉ ＿＿＿＿＿＿…面の上に物体を置いたとき，物体におされ
た面が物体を垂直におし返す力。

◆机の上に本を置いたとき，
本にはたらく＿＿＿＿＿と
机から本にはたらく＿＿＿＿＿がつり合っている。

◆ばねにつるしたおもりが静止しているとき，
おもりにはたらく＿＿＿＿＿と
ばねがおもりを引く力（＿＿＿＿＿）がつり合っている。

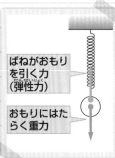

◆机の上にある物体を引いても
動かないとき，物体を引く力
と物体にはたらく＿＿＿＿＿
がつり合っている。

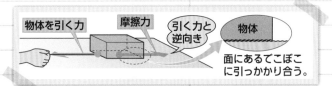

確認テスト⑥

●目標時間：３０分　●１００点満点　●答えは別冊 22 ページ

1 次の問いに答えなさい。　　　　　　　　　　　　　　　　　　　　＜6点×4＞

(1) 次の**A**〜**C**の現象にはたらいている力を，あとの**ア**〜**オ**から１つずつ選び，記号で答えなさい。

A 自転車のブレーキをかけると，スピードがおそくなった。

B 手でのばした輪ゴムが，手をはなすともとにもどった。

C 手に持っていたかばんが，手をはなすと床に落ちた。

ア 摩擦力　　**イ** 電気の力　　**ウ** 磁石の力　　**エ** 弾性力　　**オ** 重力

A〔　　　〕　B〔　　　〕　C〔　　　〕

(2) (1)の**ア**〜**オ**の力で，物体どうしが離れていてもはたらく力はどれですか。すべて選び，記号で答えなさい。

〔　　　　　　　　　〕

2 図1のように，質量が 20g のおもりをばねにつるし，力の大きさとばねののびとの関係を調べました。図2はその結果をグラフに表したものです。これについて，次の問いに答えなさい。ただし，100g の物体にはたらく重力の大きさを１Ｎとします。　　＜7点×4＞

図1

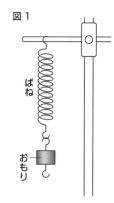

(1) おもりにはたらく重力を正しく表しているものを，次の**ア**〜**ウ**から１つ選び，記号で答えなさい。

〔　　　　　〕

(2) **図2**より，ばねののびは，加えた力の大きさに比例します。これを何の法則といいますか。〔　　　　　　　　〕の法則

(3) このばねに，0.1 Ｎの力を加えると何 cm のびますか。

〔　　　　　　 cm〕

(4) ばねののびが７ cm になるのは，おもりを何個つるしたときですか。

図2

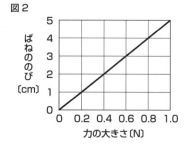

〔　　　　　個〕

3 力の表し方について，次の問いに答えなさい。　　　　　　　　　　　<6点×3>

(1)　次の文の（　①　），（　②　）にあてはまる語を答えなさい。

　　力の大きさと（　①　），力のはたらく点である（　②　）を合わせて力の三要素といい，矢印を使って表す。

①〔　　　　　　　　　　　〕　②〔　　　　　　　　　　　〕

(2)　右の図のように，床の上にある物体を３Ｎの力でおしました。このとき，指が物体に加えた力を矢印で示しなさい。ただし，方眼の１目もりは１Ｎを表すものとします。

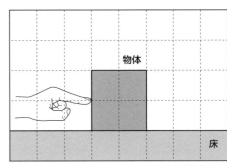

4 力のつり合いについて，次の問いに答えなさい。　　　　　　　　　　<6点×5>

(1)　**図1**のように，机の上に本を置きました。本にはたらく重力とつり合っている力を何といいますか。

〔　　　　　　　　　　　　　　　〕

(2)　**図2**で，机の上の本をおしても本は動きませんでした。これは，本が机の面から右・左のどちらの向きの力を受けているからですか。

〔　　　　　　　　　　　　　　　〕

(3)　(2)の力を何といいますか。　〔　　　　　　　　　　〕

(4)　(2)のとき，本をおす力と本が机の面から受ける力の大きさの関係はどうなっていますか。次の**ア**〜**ウ**から１つ選び，記号で答えなさい。　　　　　　　　　〔　　　　〕

　ア　本をおす力のほうが小さい。

　イ　本をおす力のほうが大きい。

　ウ　どちらも同じ大きさである。

(5)　**図3**は，物体にはたらく２つの力を示しています。このとき２つの力はつり合っていますか。つり合っている場合には「つり合っている」と書き，つり合っていない場合はその理由を簡単に書きなさい。

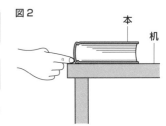

〔　　　　　　　　　　　　　　　　　　　　　　　　　　〕

1 火山とマグマ

(1)マグマと噴火のしくみ

地下にある岩石が，高温のためにとけた物質を　　　　と
いい，地下のマグマが地表付近まで上昇して岩石をふき飛ば
すと火山の　　　　が始まる。このとき，火山からふき出る
ものをまとめて　　　　　　という。

火山の噴火 ✏下の〔 〕の中に言葉を入れて，図を完成させましょう。

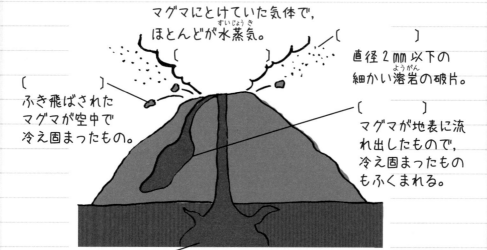

マグマにとけていた気体で，
ほとんどが水蒸気。

〔　　　　〕
直径2mm以下の
細かい溶岩の破片。

〔　　　　〕
ふき飛ばされた
マグマが空中で
冷え固まったもの。

〔　　　　〕
マグマが地表に流
れ出したもので，
冷え固まったもの
もふくまれる。

〔　　　　〕地下の岩石がどろどろにとけたもの。

(2)マグマの性質と火山の特徴

● マグマのねばりけが強い火山

　爆発的な噴火をし，

　　　　　　　形の火山になる。

　火山噴出物の色は　　　　　　　。

● マグマのねばりけが中間の火山

　激しい噴火とおだやかな噴火をくり返し，

　　　　　　　形の火山になる。

● マグマのねばりけが弱い火山

　　　　　　噴火をし，

　　　　　　　形の火山になる。

　火山噴出物の色は　　　　　　　。

なぜ？

マグマのねばりけが強いと，
火山ガスがぬけにくいので，
激しい噴火になり，マグマの
ねばりけが弱いと，ガスがぬ
けやすいため，おだやかな噴
火になる。

火山の形

✎下の〔　〕の中に言葉を入れて，表を完成させましょう。

火山の形	火山の例	マグマの ねばりけ	噴火のようす	噴出物の色
	昭和新山 有珠山 雲仙普賢岳	〔　　　〕 ↑	〔　　　〕 ↑	〔　　　〕 ↑
	桜島 浅間山	↓	↓	↓
	マウナロア キラウエア	〔　　　〕	〔　　　〕	〔　　　〕

実験

目的　ねばりけのちがいと
火山の形の関係を調べる。

火山が噴火すると，噴出する大きな岩石や溶岩，火山灰などによって災害が発生することがある。一方，温泉や地熱発電，美しい景観などの恵みもある。

方法
小麦粉に水を混ぜ，2種類のねばりけのちがうものを用意する。それぞれをポリエチレンの袋に入れ，下からおし出す。

穴をあけた工作用紙

小麦粉　　手で
おし出す

結果

・ねばりけが強いとき　　　・ねばりけが弱いとき

モリ　　モリ　　　　　　　ジワ〜ジワ〜

もり上がる。　　　　　　　うすく広がる。

まとめ　マグマのねばりけが強いと，もり上がった形の火山になり，
マグマのねばりけが弱いと，傾斜のゆるやかな形の火山になる。

2 火成岩

(1)鉱物

火山噴出物にふくまれる粒のうち，結晶になったものを

_____ といい，無色鉱物と有色鉱物に分けられる。

> 無色鉱物が多い岩石は
> 白っぽく，有色鉱物が
> 多い岩石は，黒っぽく
> 見える。

◎ _____ …白っぽい色の鉱物。

石英，長石。

◎ _____ …黒っぽい色の鉱物。

黒雲母，カクセン石，輝石，カンラン石。

> 黒色で磁石につく
> 磁鉄鉱もある。

鉱物　✐下の〔　〕の中に言葉を入れて，図を完成させましょう。

無色鉱物	有色鉱物	
〔　　　　　〕	〔　　　　　〕	〔　　　　　〕
無色，白色。不規則に割れる。	黒色，褐色。板状にうすくはがれる。形は六角板状。	暗緑色，暗褐色。細長い柱状に割れやすい。
〔　　　　　〕	〔　　　　　〕	〔　　　　　〕
白色，うすい桃色。決まった方向に割れる。形は柱状。	緑色，褐色。形は短い柱状。	黄緑色，褐色。不規則に割れる。形は丸みのある多面体。

セキエイ以外©アフロ

(2)火成岩

マグマが冷え固まってできた岩石を　　　　　　といい，

マグマの冷え方によって，火山岩と深成岩に分けられる。

> **ゴロ**
> 有色鉱物　黒雲母　カクセン石
> 夕食は苦労を隠した
> 輝石　カンラン石
> 奇跡の缶詰

◎ _____ …マグマが地表や地表付近で，

冷え固まってできる。

◎ _____ …マグマが地下深くで，

冷え固まってできる。

火成岩のつくり

✏️下の〔 〕の中に言葉を入れて，図を完成させましょう。

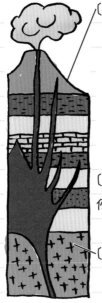

〔　　　　　〕…マグマが地表や地表付近で
急に冷え固まった。

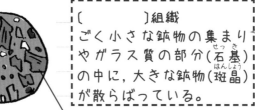

なぜ？
急に冷え固まったため，大きな結晶になれなかった。

〔　　　　　〕組織
ごく小さな鉱物の集まりやガラス質の部分(石基)の中に，大きな鉱物(斑晶)が散らばっている。

〔　　　　　〕〔　　　　　〕
りゅうもんがん　あんざんがん　げんぶがん
例：流紋岩，安山岩，玄武岩

〔　　　　　〕…マグマが地下深くでゆっくり冷え
固まった。

〔　　　　　〕組織
ほぼ同じ大きさの鉱物がたがいに組み合わさって，すきまなく並んでいる。

か　　がん　りょくがん　はん　がん
例：花こう岩，せん緑岩，斑れい岩

● いろいろな火成岩

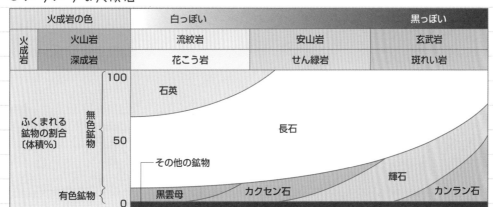

火成岩の色		白っぽい		黒っぽい
火成岩	火山岩	流紋岩	安山岩	玄武岩
	深成岩	花こう岩	せん緑岩	斑れい岩

ふくまれる鉱物の割合〔体積%〕
無色鉱物
有色鉱物

100
50
0

石英
長石
その他の鉱物
黒雲母　カクセン石　輝石　カンラン石

ゴロ

深成岩　花こう岩　せん緑岩　斑れい岩
新　幹　線　は

火山岩　流紋岩　安山岩　玄武岩
刈　り　上　げ

83

3 地震のゆれと伝わり方

(1) 震源と震央

◆地下で地震が発生した場所を　　　　　　　　，
震源の真上の地表の地点を　　　　　という。

◆観測地点から震源までの距離を
という。

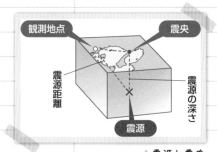

★震源と震央

(2) 地震の波とゆれ

○　　　　　　　…はじめに起こる小さなゆれ。
　　　　　　　伝わる速さの速いP波によって起こる。

速さ：約5〜7km/s

◎　　　　　　…あとからくる大きなゆれ。
　　　　　　　伝わる速さのおそいS波によって起こる。

速さ：約3〜5km/s

| 地震計の記録 |

✎下の〔　〕の中に言葉を入れて，図を完成させましょう。

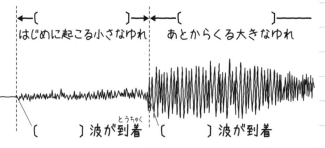

←〔　　　　　〕→←〔　　　　　　〕→
はじめに起こる小さなゆれ　　あとからくる大きなゆれ

〔　　　〕波が到着　　〔　　　　〕波が到着

地震が発生すると，震源でP波とS波が
同時に発生し，震央を中心に同心円状に
伝わる。P波が到着すると初期微動を感
じ，S波が到着すると主要動を感じる。

・ ……P波が到着してから，S波が到着
　　　するまでの時間。

震源からの距離が
遠くなるほど長く
なる。

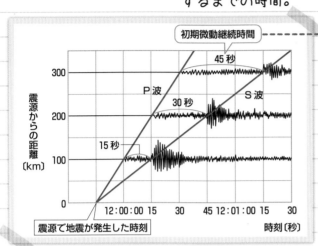

★ 震源からの距離と初期微動継続時間

初期微動継続時間は，

震源からの距離が遠くなるほど　　　　　なり，

そのふえ方はほぼ一定である。

(3) 震度とマグニチュード

・

地震のときのゆれの強さで，

0〜7の　　　　　段階で表す。

ふつう，震源から近いほど大きく，

地盤がやわらかい地域ほど大きくなる。

震度5と6にはそれ
ぞれ「弱」と「強」
の2段階ずつある。

震源からの距離が同
じでも，地盤の性質
が異なると震度が異
なることがある。

・

地震そのものの規模を表す値(記号：M)。1つの地震に対
して1つの値をとる。マグニチュードが1大きくなると，
地震のエネルギーは約32倍になる。ふつう，震源からの距
離が同じとき，マグニチュードが大きいほど，震度も大き
くなる。

4 地震の起こる場所としくみ

(1)地震の起こる場所

◎ 日本の震源分布の特徴

日本付近で起こる地震の震源は、太平洋側にある海溝と日

本列島の間に多い。

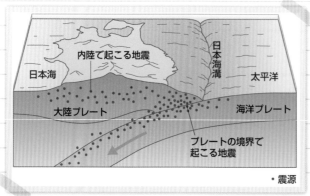

★日本付近の震源

地震によって、がけ崩れや建物の倒壊、液状化、津波による被害などが生じることがある。また大地がもち上がったり沈んだりすることもある。

震源の深さは、太平洋側から日本海側に向かって

しだいに　　　　　なっている。

日本列島の真下では、震源の浅い地震が起こっている。

(2)プレートの境界で起こる地震のしくみ

地震は、プレートの動きによって、地下の岩石の層に大きな

力がはたらいて起こる。

◎　　　　　…地球の表面をおおう岩石の層。

厚さは100kmほどある。

日本列島付近には、

4つのプレートがあり、

海洋プレートが、

大陸プレートの下に

沈みこんでいる。

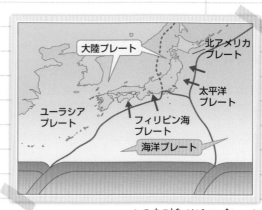

★日本列島付近のプレート

地震が起こるしくみ

✏下の〔　〕の中に言葉を入れて, 図を完成させましょう。

〔　　　　　　　〕〔　　　　　　　　　　〕

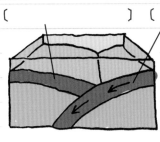

①〔　　　　　〕プレートが
　〔　　　　　〕プレートの
　下に沈みこむ。

②〔　　　　　〕プレートが
　〔　　　　　〕プレートに
　引きずりこまれる。

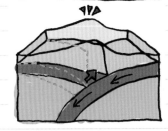

③大陸プレートの
　ひずみが大きくなり,
　反発してもとにもどる
　ときに地震が起こる。

> プレートの境界で
> 起こる地震を海溝
> 型地震という。

(3)内陸で起こる地震

日本列島の真下で起こる震源の浅い地震は,
大陸プレート内の　　　　　　が動いて起こる。

> 内陸型地震という。

◎ 活断層(かつだんそう)…過去に生じた断層で, 今後も活動して地震を起こ
　す可能性のある断層(だんそう)(大地のずれ)のこと。

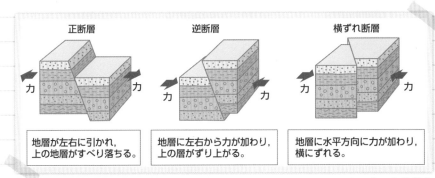

正断層	逆断層	横ずれ断層
力　　力	力　　力	力　　力
地層が左右に引かれ, 上の地層がすべり落ちる。	地層に左右から力が加わり, 上の層がずり上がる。	地層に水平方向に力が加わり, 横にずれる。

★ いろいろな断層

5 地層のでき方

(1)風化と川の水のはたらき

○ ＿＿＿＿＿…岩石が, 気温の変化や風雨によって
　　　　表面からくずれていく現象。

○ ＿＿＿＿＿…流水が, 岩石や川底をけずりとるはたらき。
　　　　水の流れが速い上流でさかん。

○ ＿＿＿＿＿…けずられたれき, 砂, 泥を運ぶはたらき。 ------
　　　　水の流れが速いほど大きな粒を運ぶ。

> 流水によって運ばれ
> るうちに, 角がとれ丸
> みを帯びた形となる。

○ ＿＿＿＿＿…運ばれた土砂が水底に積もるはたらき。
　　　　水の流れがゆるやかな下流や河口付近でさか
　　　　ん。

(2)土砂が堆積するようす

　土砂が堆積するときは,
　　　＿＿＿＿＿粒ほど河口近くに堆積し,
　　　＿＿＿＿＿粒ほど遠くに運ばれる。

土砂の堆積

✐下の〔　〕の中に言葉を入れて, 図を完成させましょう。

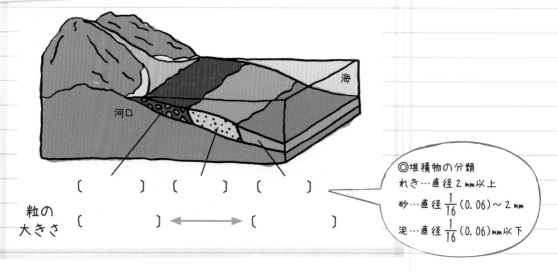

海

河口

〔　　　〕〔　　　〕〔　　　〕

粒の
大きさ　〔　　　　　〕⟷〔　　　　　〕

◎堆積物の分類
れき…直径2mm以上
砂…直径$\frac{1}{16}$(0.06)〜2mm
泥…直径$\frac{1}{16}$(0.06)mm以下

目的 土砂の堆積のようすを調べる。

結果

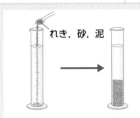

円筒の容器に水を入れ，上かられき，砂，泥を混ぜたものを落とし，沈んでいくようすを観察する。

粒の大きいものほどはやく沈む。

まとめ れき，砂，泥が堆積するときは，下に粒の大きいものが，上に粒の小さいものが堆積する。

(3)地層のでき方

○　　　　　…れき，砂，泥などが流水で運ばれ，

火山の噴火で火山灰などが降り積もると，火山灰の層がつくられることがある。

水底に次々に積み重なって層になったもの。

ふつう，上の層ほど　　　　　　　。

地層のでき方

✐下の〔　〕の中に言葉を入れて，図を完成させましょう。

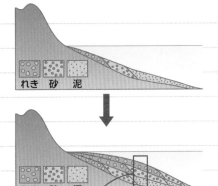

れき　砂　泥

運ばれてきたれき，砂，泥は粒の〔　　　　　〕ものから堆積する。

れき　砂　泥

新しい層が積み重なり，地層がつくられる。

〔　　　　　　　　〕

〔　　　　　　　　〕

下から順に積み重なるため，〔　　　〕の層ほど新しい層となる。

6 堆積岩・化石

(1)堆積岩のつくり

堆積物が長い時間をかけておし固められ，岩石に変化したも

のを ＿＿＿＿＿ という。

◎ 堆積岩の特徴

・粒の形は ＿＿＿＿ を帯びている。

・粒の大きさは，ほぼ一様である。

・化石をふくむことがある。

(2)いろいろな堆積岩

いろいろな堆積岩

🖉下の〔 〕の中に言葉を入れて，図を完成させましょう。

> 堆積したものの粒の大きさによって分けられている。

◎ 川の水のはたらきによってできる堆積岩

〔　　　　　〕　　〔　　　　　〕　　〔　　　　　〕

れき(直径2mm以上)が集まってできている。

砂(直径0.06〜2mm)が集まってできている。

泥(直径0.06mm以下)や細かい粘土からできている。

◎ 火山の噴出物でできた堆積岩

火山灰などの火山噴出物が堆積して固まってできている。粒は角ばっている。

> 川の水のはたらきを受けずに，直接堆積する。

〔　　　　　〕

◎ 生物のからだなどからできた堆積岩

〔　　　　　〕　　　　〔　　　　　〕

炭酸カルシウムの骨格や殻をもつ生物の死がいなどが固まってできる。うすい塩酸をかけると〔　　　　　〕が発生する。

二酸化ケイ素の殻をもつ生物の死がいなどが固まってできる。うすい塩酸をかけても二酸化炭素は発生しない。

凝灰岩以外©shutterstock

(3)化石

大昔の生物のからだや足跡，巣穴などが地層中に残ったもの
を＿＿＿＿という。

◎＿＿＿＿…地層が堆積した当時の環境を知る手がか

りとなる化石。

生きられる環境が限られている生物の化石

である。

示相化石	環境
サンゴ	あたたかく浅い海
アサリ	浅い海
シジミ	湖や河口付近

◎＿＿＿＿…地層が堆積した時代を知る手がかりとな

る化石。

　　　　　　＿＿＿範囲にすみ，＿＿＿期間に栄え

て絶滅した生物の化石である。

◎地質年代…地層や化石をもとにした地球の歴史の時代区分。

古いものから，古生代，中生代，新生代に分けら

れている。

ゴロ

まんじゅうの
アンモナイト　中生代
あん　は　中

おもな示準化石

✏下の〔　〕の中に言葉を入れて，図を完成させましょう。

地質年代	示準化石	
古生代	〔　　　　　〕	〔　　　　　〕
中生代	〔　　　　　〕	〔　　　　　〕
新生代	〔　　　　　〕	〔　　　　　〕

7 大地の変化

(1)大地の変化

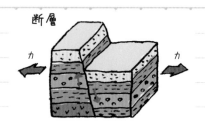

断層

力　力

- ○ ＿＿＿＿…地層に力がはたらいて，地層が切れてずれたもの。

- ○ ＿＿＿＿…地層に力がはたらいて，地層が波打つようにおし曲げられたもの。

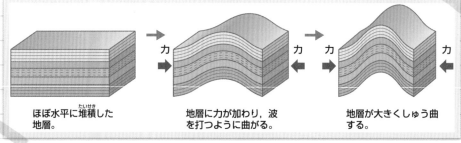

ほぼ水平に堆積した地層。

地層に力が加わり，波を打つように曲がる。

地層が大きくしゅう曲する。

★ しゅう曲のでき方

- ○ ＿＿＿＿…海面に対して土地が上がること。

- ○ ＿＿＿＿…海面に対して土地が下がること。

- ○ ＿＿＿＿…隆起によってできた海岸沿いに見られる階段状の地形。

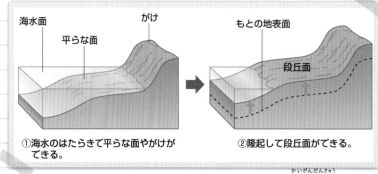

海水面　平らな面　がけ

もとの地表面　段丘面

①海水のはたらきで平らな面やがけができる。

②隆起して段丘面ができる。

★ 海岸段丘のでき方

(2)地層の広がり

地層のようすは，地層が地表に現れている＿＿＿＿や，ボーリング試料によって調べる。

地面に穴をあけて，堆積物を採取して得られた試料。

- ○ ＿＿＿＿…その地点の地層をわかりやすく柱状に表した図。

◎地層からわかること
・地層にふくまれる土砂(れき・砂・泥)
　　→堆積した当時の河口からの距離や海の深さの変化が
　　　わかる。
・火山灰の層や凝灰岩の層
　　→　　　　　　　　　　があったことがわかる。
・化石がふくまれる層
　　　　　　化石
　　→堆積した当時の環境がわかる。
　　　　　　化石
　　→堆積した時代がわかる。
◎鍵層…地層の広がりを調べる手がかりとなる層。
　　　　火山灰の層や化石がふくまれる層は鍵層となる。

地層からわかること

✏下の〔　〕の中に言葉を入れて,図を完成させましょう。

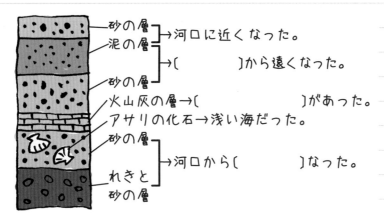

砂の層 →河口に近くなった。
泥の層
　　　→〔　　　　　　〕から遠くなった。
砂の層
火山灰の層→〔　　　　　　〕があった。
アサリの化石→浅い海だった。
砂の層
　　　→河口から〔　　　　〕なった。
れきと
砂の層

(3)プレートの動き

地球上の大規模な地形は,プレートの動きと関係がある。

プレートの動きによって,その境界では,大山脈ができたり,

火山活動や地震が起こったりしている。

◎　　　　　…海底に見られるせまく細長い溝状の地形。プ
　　　　　　レートが沈みこむ場所。

◎　　　　　…海底に見られる大山脈。プレートができる場所。

確認テスト⑦

1 次の図は，いろいろな火山の形を模式的に表したものです。これについて，次の問いに
答えなさい。　　　　　　　　　　　　　　　　　　　　　　　　　　　　　　　　　　　＜5点×3＞

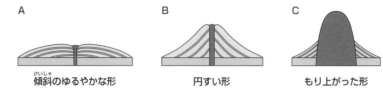

(1)　**A～C**のうち，火山をつくるマグマのねばりけが最も強いものはどれですか。1つ選び，
記号で答えなさい。〔　　　　〕

(2)　**A**の形をした火山の噴火のようすと火山噴出物の色について正しく述べたものを，次の**ア**
～**エ**から1つ選び，記号で答えなさい。〔　　　　〕

　ア　激しく爆発的な噴火をし，火山噴出物の色は白っぽい。

　イ　激しく爆発的な噴火をし，火山噴出物の色は黒っぽい。

　ウ　おだやかな噴火をし，火山噴出物の色は白っぽい。

　エ　おだやかな噴火をし，火山噴出物の色は黒っぽい。

(3)　**C**のような形をした火山を次の**ア**～**エ**から1つ選び，記号で答えなさい。

　ア　浅間山　　**イ**　雲仙普賢岳　　**ウ**　マウナロア　　**エ**　桜島〔　　　　〕

2 右の図は，2種類の火成岩を観察し，スケッチした
ものです。次の問いに答えなさい。　＜6点×5＞

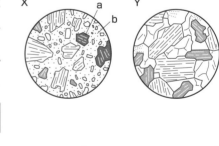

(1)　火成岩**X**に見られる大きな鉱物の部分**a**とごく小
さな鉱物やガラス質の部分**b**を何といいますか。

a〔　　　　　　　　〕　b〔　　　　　　　　〕

(2)　火成岩**X**のようなつくりを何といいますか。〔　　　　　　　　〕

(3)　火成岩**Y**は無色鉱物を多くふくみ，白っぽい色をしていました。この火成岩は何であると
考えられますか。次の**ア**～**エ**から1つ選び，記号で答えなさい。〔　　　　〕

　ア　安山岩　　**イ**　流紋岩　　**ウ**　花こう岩　　**エ**　斑れい岩

(4)　火成岩**Y**は，マグマがどのような場所でどのように冷えて固まってできたものですか。

〔　　〕

3 図は，震源からの距離が異なる3地点で観測した地震計の記録をまとめたものです。これについて，次の問いに答えなさい。

<5点×4>

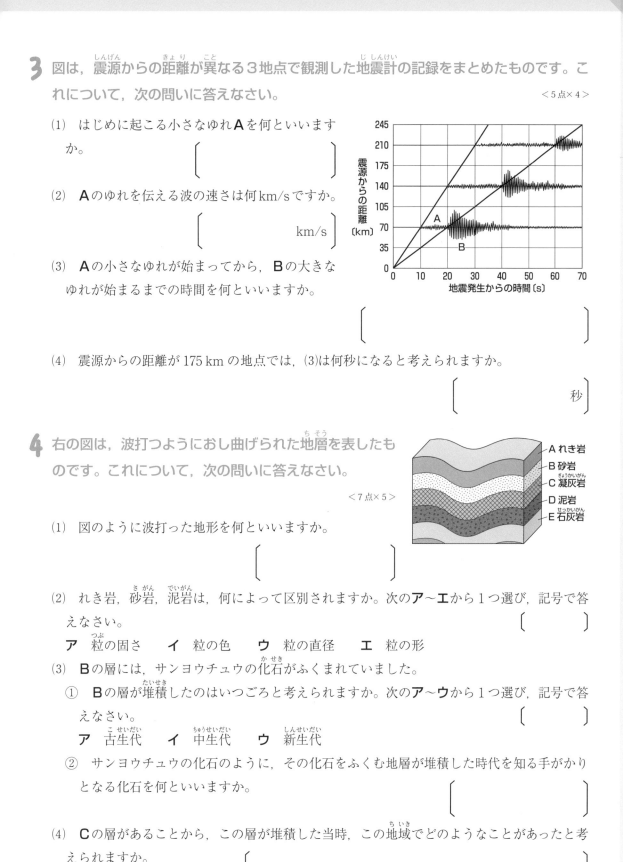

(1) はじめに起こる小さなゆれ**A**を何といいますか。

[ ]

(2) **A**のゆれを伝える波の速さは何km/sですか。

[km/s]

(3) **A**の小さなゆれが始まってから，**B**の大きなゆれが始まるまでの時間を何といいますか。

[ ]

(4) 震源からの距離が175kmの地点では，(3)は何秒になると考えられますか。

[秒]

4 右の図は，波打つようにおし曲げられた地層を表したものです。これについて，次の問いに答えなさい。

<7点×5>

(1) 図のように波打った地形を何といいますか。

[ ]

(2) れき岩，砂岩，泥岩は，何によって区別されますか。次の**ア～エ**から1つ選び，記号で答えなさい。

[ ]

ア 粒の固さ　　イ 粒の色　　ウ 粒の直径　　エ 粒の形

(3) **B**の層には，サンヨウチュウの化石がふくまれていました。

① **B**の層が堆積したのはいつごろと考えられますか。次の**ア～ウ**から1つ選び，記号で答えなさい。

[ ]

ア 古生代　　イ 中生代　　ウ 新生代

② サンヨウチュウの化石のように，その化石をふくむ地層が堆積した時代を知る手がかりとなる化石を何といいますか。

[ ]

(4) **C**の層があることから，この層が堆積した当時，この地域でどのようなことがあったと考えられますか。

[ ]

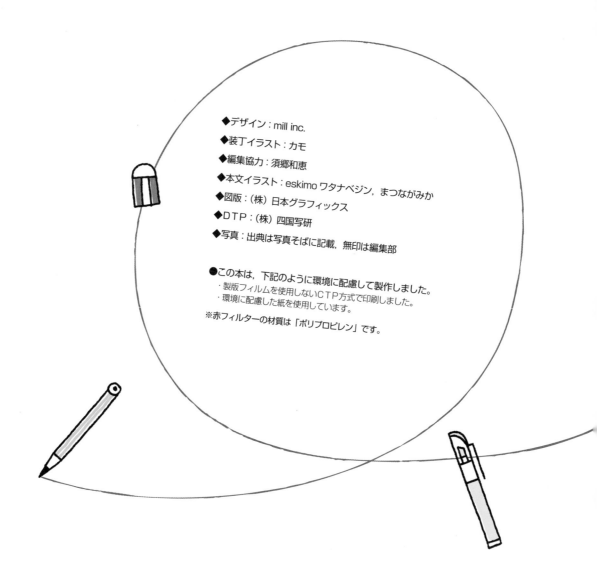

◆デザイン：mill inc.

◆装丁イラスト：カモ

◆編集協力：須郷和恵

◆本文イラスト：eskimo ワタナベジン，まつながみか

◆図版：(株) 日本グラフィックス

◆DTP：(株) 四国写研

◆写真：出典は写真そばに記載，無印は編集部

●この本は，下記のように環境に配慮して製作しました。
　・製版フィルムを使用しないCTP方式で印刷しました。
　・環境に配慮した紙を使用しています。

※赤フィルターの材質は「ポリプロピレン」です。

テスト前に
まとめるノート 改訂版
中1理科

別冊解答

テスト前に まとめるノート 中1理科

使い方 1

使い方 2

付属の赤フィルターで
消して,暗記もできる!

Gakken

(1) タンポポの観察

◆タンポポの花は、小さな花がたくさん集まって、1つの花のように見える。

◆タンポポは、日当たりが <u>よく</u>、<u>かわいた</u> 場所に見られる。

〈1つの花〉
めしべ
おしべ
花弁
がく
★タンポポの花のつくり

(2) 水中の小さな生物

水中の小さな生物
▶下の[ ]の中に名称を入れて、図を完成させましょう。

緑色　　　　　　　　　動く
[ミカヅキモ]　　[アメーバ]
ミドリムシ
[イカダモ]　[アオミドロ]　[ミジンコ]　[ゾウリムシ]

ミドリムシは、緑色をしていても活発に動き回る。

(3) 観察の基本操作

◎スケッチのしかた
○よい例　　　×悪い例
*細い1本の線ではっきりとかく。
*重ねがきしたり、かげをつけたりしない。

◎ルーペの使い方
・ルーペは <u>目</u> に近づけて持つ。
・観察するものが動かせるとき
→観察するものを前後に動かしてよく見える位置をさがす。
・観察するものが動かせないとき
→ <u>顔</u> を前後に動かしてよく見える位置をさがす。

観察するものが動かせるとき
観察するものが動かせないとき

・双眼実体顕微鏡は、観察物を拡大して <u>立体</u> 的に観察することができる。

20倍～40倍で観察できる。

双眼実体顕微鏡
▶下の[ ]の中に各部分の名称を入れて、図を完成させましょう。

[接眼レンズ]
鏡筒
[視度調節リング]
粗動ねじ
微動ねじ（調節ねじ）
[対物レンズ]
支柱
クリップ
[ステージ]

顕微鏡は直射日光の当たらない水平なところに置く。

①左右の <u>接眼レンズ</u> が両目の幅に合うように鏡筒を調節し、左右の視野が重なって1つに見えるようにする。
②粗動ねじをゆるめて鏡筒を上下させ、両目でおよそのピントを合わせる。さらに右目でのぞきながら、微動ねじを回してピントを合わせる。
③左目でのぞきながら、<u>視度調節リング</u> を回してピントを合わせる。

(4) 生物の分類

生物などをグループに分けることを <u>分類</u> という。
◎いろいろな生物を異なる観点で分類する。
①生活場所で分類する。②移動するかどうかで分類する。

共通する特徴をもつものを同じグループにまとめる。

陸上	水中
ミミズ	メダカ
タンポポ	イルカ
サクラ	ミカヅキモ
スズメ	ハス

移動する	移動しない
ミミズ	タンポポ
スズメ	サクラ
メダカ	ミカヅキモ
イルカ	ハス

観点が変わると分類の結果が変わる。

(1) アブラナの花のつくり

◆1つの花には、ふつう外側から順に、がく、花弁、おしべ、めしべがある。

ヘチマのように、雄花と雌花がある花では、おしべとめしべが別々の花にある。

◆おしべの先の袋のようにふくらんだ部分をやくといい、中に花粉が入っている。

◆めしべの先の部分を柱頭といい、めしべのもとのふくらんだ部分を子房という。子房の中には胚珠がある。

雄花
おしべ
花弁
雌花
めしべ
花弁
子房
★ヘチマの雄花と雌花
©アフロ

アブラナの花のつくり
▶下の[ ]の中に各部分の名称を入れて、図を完成させましょう。

[柱頭]　[やく]
[めしべ]　[花弁]
[おしべ]　[胚珠]
[子房]
[がく]

観察
目的
いろいろな花を分解して、それぞれの花のつくりと各部分の数を調べる。

〈アブラナ〉

がく　花弁　おしべ めしべ

	がく	花弁	おしべ	めしべ
アブラナ	4枚	4枚	6本	1本
エンドウ	5枚	5枚	10本	1本
ツツジ	5枚	5枚	10本	1本

いろいろな花の各部分の数

〈ツツジ〉
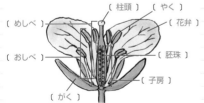
がく　花弁　おしべ めしべ

ツツジの花弁は根元がくっついている。

(2) 離弁花と合弁花

◆離弁花…花弁が1枚1枚 <u>離れて</u> いる花。

アブラナ、サクラ、エンドウなど。

◆合弁花…花弁が1つに <u>くっついて</u> いる花。

アサガオ、ツツジ、タンポポなど。

〈離弁花〉
1枚1枚離れている
〈合弁花〉
1つにくっついている
▲サクラ　▲アサガオ

(3) 種子のでき方

◆おしべでつくられた花粉がめしべの先の <u>柱頭</u> につくことを <u>受粉</u> という。

ベトベトしている。

◆受粉すると、
子房は <u>果実</u> になり、
胚珠は <u>種子</u> になる。

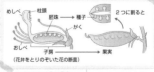
めしべ
柱頭
胚珠
種子
がく
2つに割ると
おしべ
子房
果実
（花弁をとりのぞいた花の断面）
★エンドウの花と果実

種子のでき方
▶下の[ ]の中に言葉を入れて、図を完成させましょう。

花粉　柱頭
めしべ
[子房] ➡受粉➡ [果実]
[胚珠] ➡受粉➡ [種子]

(4) 被子植物

胚珠が子房の中にある植物のなかまを <u>被子植物</u> という。

(1) マツの花のつくり

- ◆ マツの花には, 花弁やがくがなく, りん片が重なったつくりをしている。
- ◆ 子房がなく, 胚珠が むき出し になっている。
- ◆ 雌花と雄花がある。
  - ・雌花のりん片… 胚珠 がむき出しでついている。
  - ・雄花のりん片…花粉が入った 花粉のう がついている。

> マツの花粉は風で運ばれやすいように, 空気の入った袋がついている。 花粉 空気が入った袋

マツの花のつくり

▶下の（）の中に言葉を入れて，図を完成させましょう。

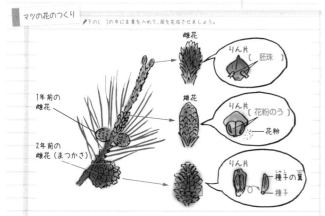

雌花 りん片 〔 胚珠 〕
1年前の雌花
雄花 りん片 〔 花粉のう 〕 花粉
2年前の雌花 (まつかさ)
りん片 〔 種子の翼 〕 種子

(2) マツの種子のでき方

- ◆ 花粉のうから出た花粉が直接 胚珠 について受粉すると, 胚珠が 種子 になる。
  雌花は成熟して まつかさ になる。

> 受粉した胚珠が種子になるのに１年以上かかる。

- ◆ マツの花には子房がないので, 果実はできない。

(3) 裸子植物

子房がなく, 胚珠がむき出しになっている植物のなかまを 裸子植物 という。

▼イチョウの雌花　▼イチョウの種子
胚珠
胚珠はむき出し
やがて種子になる。
胚珠は外から見える。

★イチョウの胚珠と種子 ©アフロ

(4) 種子植物

被子植物や裸子植物のように, 花が咲いて種子をつくる植物を 種子植物 という。

- ○ 被子植物のなかまには, タンポポ, アブラナ, サクラ, エンドウなどがある。
  子房 がふくらんで果実になり, 胚珠 が種子になる。

> 種子は果実の中にできる。種子の数は胚珠の数によって決まる。

- ○ 裸子植物のなかまには, マツ, スギ, イチョウ, ソテツなどがある。
  子房 がなく, 果実はできない。種子だけができる。

★ソテツ

＜被子植物（アブラナ）＞　＜裸子植物（マツ）＞
子房　胚珠　　胚珠

---

(1) 子葉のつくり

被子植物は, 発芽のときの子葉の枚数によって2つに分けられる。

- ○ 単子葉類 …子葉が１枚の被子植物。
  ユリ, イネ, トウモロコシなど。
- ○ 双子葉類 …子葉が２枚の被子植物。
  アサガオ, ツツジ, アブラナ, エンドウなど。

単子葉類 子葉が1枚　双子葉類 子葉が2枚

(2) 葉のつくり

- ◆ 葉には, 葉脈 とよばれるすじがあり, 平行のものを 平行脈 といい, 網目状のものを 網状脈 という。

平行脈　網状脈

(3) 根のようす

- ◆ 植物の根には, ひげ根のものと主根と側根からなるものがある。

単子葉類と双子葉類の比較

▶下の（）の中に言葉を入れて，図を完成させましょう。

	単子葉類	双子葉類
子葉	〔 1 〕枚	〔 2 〕枚
葉脈	平行脈	網状脈
根	〔 ひげ根 〕	〔 主根 〕〔 側根 〕

根のつくり

▶下の（）の中に言葉を入れて，図を完成させましょう。

〔 主根 〕
〔 側根 〕
〔 ひげ根 〕

- ◆ 根の先端近くには 根毛 がある。
  →根の表面積を大きくして水や養分を効率よく吸収する。

★根毛 ©アフロ

(4) 種子植物の分類

種子植物の分類

▶下の（）の中に言葉を入れて，図を完成させましょう。

種子植物
胚珠は？
子房の中　　むき出し
〔 被子植物 〕　〔 裸子植物 〕
マツ, イチョウ, ソテツなど
子葉の数は？
1枚　　　2枚
〔 単子葉類 〕　　〔 双子葉類 〕

平行脈　ひげ根　　網状脈　主根と側根

ユリ, イネ, トウモロコシなど　　アサガオ, ツツジ, アブラナ, エンドウなど

> 種子植物 マツ・スギ ラッシュでまつすぐ 裸子植物 アサガオ 早朝 被子植物 トウモロコシ 担当

> 双子葉類は, さらに花弁のようすで合弁花類と離弁花類に分類することもある。

(1)シダ植物

◆根・茎・葉の区別が ある 。

茎は、地下にあるものが多い。

> 地下にある茎を地下茎という。

◆種子をつくらず、 胞子 でなかまをふやす。

◆胞子は、葉の裏側にある胞子のうの中にできる。

> 胞子のうが乾燥すると、さけて中から胞子が飛び散る。

シダ植物のからだのつくり

> 下の〔 〕の中に言葉を入れて、図を完成させましょう。

＜イヌワラビ＞

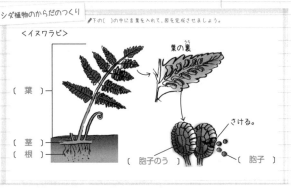

〔 葉 〕

〔 茎 〕
〔 根 〕

葉の裏

さける。

〔 胞子のう 〕　　〔 胞子 〕

(2)コケ植物

◆根・茎・葉の区別が ない 。

コケ植物にある根のようなものは、 仮根 といい、からだを地面に固定するはたらきがある。水はからだの表面全体から吸収する。

> コケ植物は、乾燥に弱く、日の当たらないところに見られることが多いが、エゾスナゴケのように、乾燥に強く、日当たりのよい場所に生息するものもある。

◆種子をつくらず、 胞子 でなかまをふやす。

◆コケ植物には雄株と雌株があるものがあり、 雌株 の胞子のうの中に胞子ができる。

コケ植物のからだのつくり

> 下の〔 〕の中に言葉を入れて、図を完成させましょう。

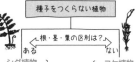

＜ゼニゴケ＞

裏に〔 胞子のう 〕がある。

雌株　〔 仮根 〕　雄株

＜スギゴケ＞

〔 胞子のう 〕
→〔 胞子 〕が入っている。

雌株　〔 仮根 〕　雄株

(3)種子をつくらない植物の分類

種子をつくらない植物

＜根・茎・葉の区別は？＞

ある　　　　　　ない

〔 シダ植物 〕　　　〔 コケ植物 〕

イヌワラビ、ゼンマイ、スギナなど　　スギゴケ、ゼニゴケなど

---

(1)脊椎動物

◆ヒトやヘビ、フナ、カエル、ニワトリなどのように、背骨がある動物を 脊椎 動物という。

> 背骨のことを脊椎ともいう。

◆脊椎動物には、魚類、両生類、 は虫 類、鳥類、哺乳類の5種類がある。

脊椎動物の骨格

> 下の〔 〕の中に言葉を入れて、図を完成させましょう。

> どのなかまも、背骨を中心とした骨格をもっている。

〔 魚 〕類(フナ)

鳥類
(ニワトリ)

両生類(イモリ)

〔 哺乳 〕類(ネコ)

は虫類(ワニ)

(2)魚類

◆フナ、コイ、メダカ、イワシ、マグロ、サメなどのなかまを魚類という。

◆魚類は、水中でくらし、一生 えら で呼吸をする。体表はうろこでおおわれ、水中に殻のない 卵 をうむ。

> 魚類のからだのつくりは、水中生活に適している。

水中サイコー！
ホントよね〜！

魚類 コイ

えら

卵

うろこでおおわれている

(3)両生類

◆カエル、イモリ、サンショウウオなどのなかまを両生類という。

◆両生類は、子は水中でくらし、えらと皮膚で呼吸をする。親は 肺 と皮膚で呼吸をする。体表はしめった 皮膚 でおおわれ、多くのものは水中に殻のない卵をうむ。

> 両生類は、子と親でからだのつくりや生活のしかたが変化する。

両生類 カエル(親)

しめった皮膚におおわれている。

卵

おたまじゃくし(子)

(4)は虫類

◆トカゲ、ヘビ、ヤモリなどのなかまをは虫類という。

◆は虫類は、一生 肺 で呼吸をする。体表はかたい うろこ でおおわれていて、陸上に殻のある卵をうむ。

> は虫類は、両生類よりも乾燥に強く、陸上生活に適している。

は虫類 トカゲ

卵

うろこでおおわれている

(1) 鳥類

◆ハト, スズメ, ニワトリ, タカなどのなかまを鳥類という。

◆鳥類は, 陸上でくらし, 一生 肺 で呼吸をする。体表は 羽毛 でおおわれ, 陸上に巣をつくり, かたい殻のある 卵をうむ。

鳥は, 魚類, 両生類, は虫類とはちがい, 卵をあたためてかえる。

鳥類 ハト

羽毛でおおわれている

卵 / 巣

(2) 哺乳類

◆ヒト, イヌ, ネコ, ウサギ, クジラなどのなかまを哺乳類という。

◆哺乳類は, 一生 肺 で呼吸をする。体表は毛でおおわれていて, 子は母親の子宮の中である程度育ってからうまれ, 母親の 乳 を飲んで育つ。

哺乳類は, 子のうまれ方や育て方が, ほかの脊椎動物とは, 特にちがっている。

哺乳類 イヌ

毛でおおわれている

乳を飲んで育つ

(3) からだのつくりや生活のしかたによるグループ分け

◎子のうまれ方

卵生 …親が卵をうみ, 卵から子がかえる。

→魚類, 両生類, は虫類, 鳥類

胎生 …母親の体内である程度育ってから, 子がうまれる。

→哺乳類

魚類と両生類は殻のない卵を水中にうみ, は虫類と鳥類は殻のある卵を陸上にうむ。殻は乾燥から子を守っている。

◎草食動物と肉食動物

草食動物 …シマウマのように, 植物を食べる動物。

肉食動物 …ライオンのように, ほかの動物を食べる動物。

草食動物と肉食動物の目のつき方

下の〔　〕の中に言葉を入れて, 図を完成させましょう。

草食動物（シマウマ）

視野 → 〔 広い 〕

立体的に見える範囲 →せまい

肉食動物（ライオン）

視野 → せまい

立体的に見える範囲 → 〔 広い 〕

草食動物と肉食動物の歯

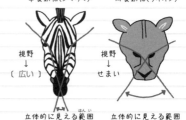

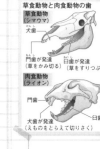

草食動物（シマウマ）

犬歯

門歯が発達（草をかみ切る）

臼歯が発達（草をすりつぶす）

肉食動物（ライオン）

門歯

犬歯が発達（えものをとらえて切りさく）

臼歯

体温の変化で, 動物をグループ分けすることもできるよ。

体温の変化と動物

・変温動物…まわりの温度の変化にともなって, 体温が変化する動物。冬眠するものが多い。

→魚類, 両生類, は虫類

・恒温動物…まわりの温度が変化しても, 体温がほぼ一定の動物。

→鳥類, 哺乳類

ネコ（恒温動物）

トカゲ（変温動物）

外界の温度〔℃〕

---

(1) 脊椎動物の分類

脊椎動物の特徴をまとめると, 次の表のようになる。

脊椎動物の分類

下の〔　〕の中に言葉を入れて, 図を完成させましょう。

分類	魚類	両生類	は虫類	鳥類	哺乳類
生活場所	水中	水中・水辺	陸上（一部水中）		
呼吸器官	えら	えらと皮膚（子）肺と皮膚（親）	肺		
体表	うろこ	しめった皮膚	うろこ	羽毛	毛
子のうまれ方	〔 卵生 〕				〔 胎生 〕
例	メダカ, フナ, コイ, イワシ, マグロ, サメ	カエル, イモリ, サンショウウオ	トカゲ, ヘビ, カメ, ワニ, ヤモリ	ハト, スズメ, ニワトリ, タカ, ペンギン	ヒト, イヌ, ネコ, ウサギ, アザラシ, クマ, クジラ

(2) 無脊椎動物

脊椎動物以外の, 背骨 をもたない動物を無脊椎動物という。節足動物, 軟体動物などに分類される。

観察 目的 無脊椎動物（カニ）のからだのつくりを調べる。

殻

筋肉

あしの内部

背骨って知ってる？

何だっけ？

甲乙方がカッコイイよ！

ふにゅふにゅが1番！！

結果 カニは, 節の部分でからだが曲がり, かたい殻の中に筋肉があった。

◎節足動物

・からだが 外骨格 というかたい殻でおおわれていて, 外骨格の内側に 筋肉 がついている。

・からだとあしに 節 がある。

節足動物のからだのつくり

昆虫類（バッタ）

触角 頭部 胸部 腹部

目 口 気門

甲殻類（ザリガニ）

頭胸部 腹部

触角

昆虫類…バッタ, カブトムシなど

甲殻類…ザリガニ, カニなど

その他…クモ, ムカデなど

節足動物

軟体動物には, 背骨も外骨格もないよ。

◎軟体動物

・マイマイ, アサリ, タコ, イカなどのなかま

・水中で生活するものが多い。

・外とう膜という膜があり, 内臓 がある部分を包んでいる。

・貝殻があるものが多い。

◎その他の無脊椎動物

・節足動物や軟体動物のほかにも, ミミズ, ウニ, クラゲなど, さまざまな動物がいる。

よゆう〜♪

イカのからだのつくり

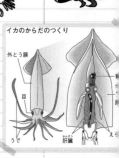

外とう膜

目

うで

肝臓

(1) 物体と物質

- **物体** …ものを使う目的や形・大きさなどの外観に注目したときの名称。
- **物質** …ものをつくっている材料に注目したときの名称。

物体と物質

✎下の〔　〕の中に言葉を入れて、図を完成させましょう。

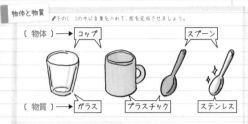

〔 物体 〕→ コップ　　スプーン

〔 物質 〕→ ガラス　プラスチック　ステンレス

(2) 有機物と無機物

- **有機物**…炭素をふくみ、加熱すると黒くこげて炭になり、燃えて 二酸化炭素 と 水 ができる物質。
   （気体）（液体）

> 炭素や二酸化炭素は炭素をふくむが無機物に分類される。

- **無機物**…有機物以外の物質。

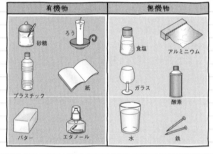

有機物	無機物
砂糖　ろう　プラスチック　紙　バター　エタノール	食塩　アルミニウム　ガラス　酸素　水　鉄

目的 白い粉末A～Cの性質をいろいろな方法で調べ、それぞれ食塩、砂糖、かたくり粉のどれかを区別する。

> かたくり粉はデンプンでできている。

方法 ①手ざわりを調べる。　②においを調べる。　③水に入れたときのようすを調べる。

④加熱したときのようすを調べる。

燃焼さじにのせガスバーナーで加熱する。　燃えたら石灰水を入れたびんに入れる。　火が消えたらふたをしてふる。

> 石灰水は二酸化炭素があると白くにごる。

結果

	A	B	C
手ざわり	さらさら	さらさら	キュッと音がした。
におい	なし	なし	なし
水に入れたときのようす	とけた。	とけた。	とけずに白くにごった。
加熱したときのようす	燃えて黒くこげた。石灰水は白くにごった。	燃えなかった。	燃えて黒くこげた。石灰水は白くにごった。

・AとBは水にとけ、Cは水にとけない。
・AとCは燃えて石灰水が白くにごった。
　→ 二酸化炭素 が発生。
　→ AとCは 有機物 、Bは 無機物 である。
　↓
食塩は B 、砂糖は A 、かたくり粉は C である。

> 無機物には燃えるものもあるが、二酸化炭素は発生しない。

---

(1) 金属の性質

物質は、金、銀、銅、アルミニウムなどの 金属 と、それ以外の 非金属 に分けられる。

金属	非金属
金、銀、銅、鉄、アルミニウム、亜鉛、マグネシウムなど	ガラス、木、プラスチック、水、ゴム、食塩など

目的 金属の性質を調べる。

方法 ①紙やすりでみがく。②金づちでたたく。③豆電球につなぐ。④湯につける。⑤磁石に近づける。

調べる金属　プラスチック　鉄　銅　アルミニウム　湯

結果

✎下の〔　〕の中に言葉を入れて、表を完成させましょう。

	①みがく	②たたく	③豆電球	④あたためる	⑤磁石
鉄	光る	うすく広がる	つく	あたたまりやすい	〔 つく 〕
アルミニウム	〔 光る 〕	うすく広がる	〔 つく 〕	あたたまりやすい	つかない
銅	〔 光る 〕	〔 うすく広がる 〕	〔 つく 〕	あたたまりやすい	〔 つかない 〕

金属の性質
・みがくと 光る （金属光沢）。
・たたくと うすく広がる （展性）。
・引っぱると よくのびる （延性）。
・電気を 通す 。
・熱を 伝えやすい 。

鉄は磁石につくが、アルミニウムや銅は磁石につかない。
→ 磁石につく性質は、金属に共通の性質ではない。

(2) 密度

物質1cm³あたりの質量を 密度 といい、単位はg/cm³である。

> 質量は、物質そのものの量で、上皿てんびんではかることができる。

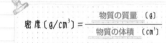

$$密度〔g/cm^3〕 = \frac{物質の質量〔g〕}{物質の体積〔cm^3〕}$$

> 求めたいものを指でかくす。

同じ種類の物質は密度が 等しく 、密度によって物質を区別することができる。

例題

①体積8cm³、質量84gの物体の密度は何g/cm³ですか。

密度〔g/cm³〕= 質量〔g〕／体積〔cm³〕より、

$$\frac{84〔g〕}{8〔cm^3〕} = 10.5〔g/cm^3〕$$

②体積20cm³、密度2.7g/cm³の物体の質量は何gですか。

質量〔g〕= 密度〔g/cm³〕×体積〔cm³〕より、

2.7〔g/cm³〕× 20 〔cm³〕
= 54 〔g〕

(3) 密度と物体の浮き沈み

物体を液体に入れたときに浮くか沈むかは、液体と物体の密度の大小で決まる。

- 液体より密度が小さい物体… 浮く 。
- 液体より密度が大きい物体… 沈む 。

水に氷と鉄を入れたとき

木　水　ビー玉（ガラス）

浮く 氷 ＜ 水 ＜ 鉄 沈む
0.92〔g/cm³〕　1.00〔g/cm³〕　7.87〔g/cm³〕

▲物体の浮き沈み

(1)酸素

二酸化マンガンにうすい過酸化水素水(オキシドール)を加えると, 酸素 が発生する。

> 二酸化マンガンは、それ自体は変化せず、ほかの物質が変化するのを助けるはたらきをする。

酸素の発生方法

🖊下の[ ]の中に言葉を入れて、図を完成させましょう。

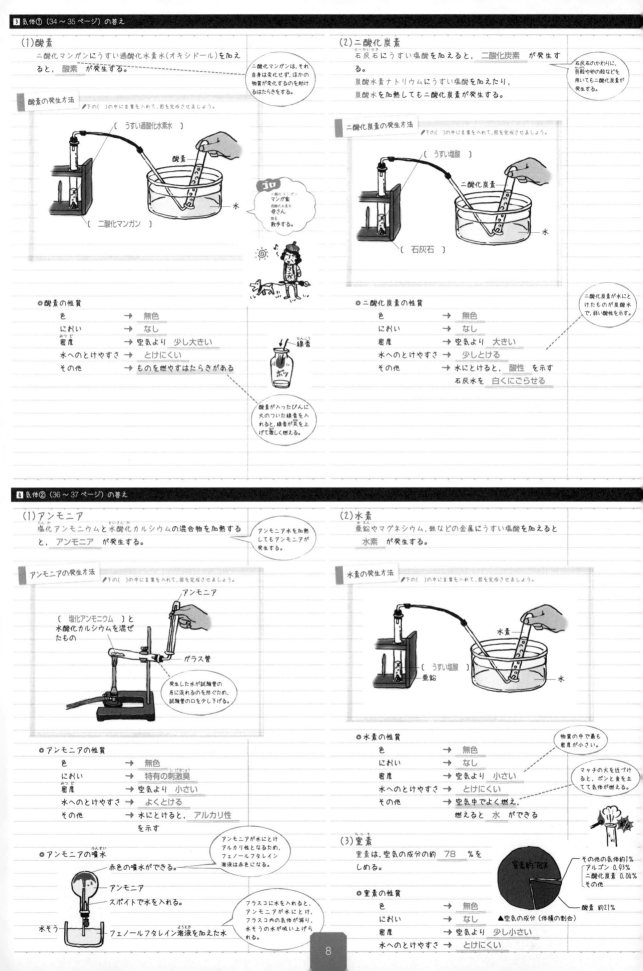

[うすい過酸化水素水]

酸素

[二酸化マンガン]

水

> ゴロ
> 二酸化マンガン
> マンガ祭
> 過酸化水素水
> 母さん
> 散歩する。

◉酸素の性質

色	→	無色
におい	→	なし
密度	→	空気より 少し大きい
水へのとけやすさ	→	とけにくい
その他	→	ものを燃やすはたらきがある

線香

> 酸素が入ったびんに火のついた線香を入れると、線香が炎を上げて激しく燃える。

(2)二酸化炭素

石灰石にうすい塩酸を加えると, 二酸化炭素 が発生する。

炭酸水素ナトリウムにうすい塩酸を加えたり, 炭酸水を加熱しても二酸化炭素が発生する。

> 石灰石のかわりに、貝殻や卵の殻などを用いても二酸化炭素が発生する。

二酸化炭素の発生方法

🖊下の[ ]の中に言葉を入れて、図を完成させましょう。

[うすい塩酸]

二酸化炭素

水

[石灰石]

> 二酸化炭素が水にとけたものが炭酸水で、弱い酸性を示す。

◉二酸化炭素の性質

色	→	無色
におい	→	なし
密度	→	空気より 大きい
水へのとけやすさ	→	少しとける
その他	→	水にとけると, 酸性 を示す
		石灰水を 白くにごらせる

(1)アンモニア

塩化アンモニウムと水酸化カルシウムの混合物を加熱すると, アンモニア が発生する。

> アンモニア水を加熱してもアンモニアが発生する。

アンモニアの発生方法

🖊下の[ ]の中に言葉を入れて、図を完成させましょう。

アンモニア

[塩化アンモニウム]と水酸化カルシウムを混ぜたもの

ガラス管

> 発生した水が試験管の底に流れるのを防ぐため、試験管の口を少し下げる。

◉アンモニアの性質

色	→	無色
におい	→	特有の刺激臭
密度	→	空気より 小さい
水へのとけやすさ	→	よくとける
その他	→	水にとけると, アルカリ性
		を示す

◉アンモニアの噴水

赤色の噴水ができる。

アンモニア

スポイトで水を入れる。

水そう

フェノールフタレイン溶液を加えた水

> アンモニアが水にとけアルカリ性となるため、フェノールフタレイン溶液は赤色になる。

> フラスコに水を入れると、アンモニアが水にとけ、フラスコ内の気体が減り、水そうの水が吸い上げられる。

(2)水素

亜鉛やマグネシウム、鉄などの金属にうすい塩酸を加えると 水素 が発生する。

水素の発生方法

🖊下の[ ]の中に言葉を入れて、図を完成させましょう。

水素

[うすい塩酸]

水

亜鉛

◉水素の性質

色	→	無色
におい	→	なし
密度	→	空気より 小さい
水へのとけやすさ	→	とけにくい
その他	→	空気中でよく燃え,
		燃えると 水 ができる

> 物質の中で最も密度が小さい。

> マッチの火を近づけると、ポンと音を立てて気体が燃える。

(3)窒素

窒素は、空気の成分の約 78 %をしめる。

◉窒素の性質

色	→	無色
におい	→	なし
密度	→	空気より 少し小さい
水へのとけやすさ	→	とけにくい

窒素約78%

その他の気体約1%
アルゴン 0.93%
二酸化炭素 0.04%
その他

酸素 約21%

▲空気の成分(体積の割合)

(1) 気体の集め方

気体は、水へのとけやすさ、空気と比べた密度によって、
水上置換法、上方置換法、下方置換法のいずれかで集めることができる。

気体			
水にとけにくい		水にとけやすい	

★気体の性質と集め方

気体の集め方　✐下の〔　〕の中に言葉を入れて、図を完成させましょう。

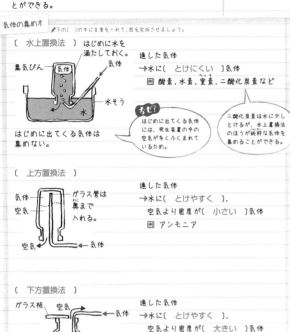

〔 水上置換法 〕　はじめに水を満たしておく。

適した気体
→水に〔 とけにくい 〕気体
例 酸素、水素、窒素、二酸化炭素 など

はじめに出てくる気体は集めない。

なぜ？
はじめに出てくる気体には、発生装置の中の空気が多くふくまれているため。

二酸化炭素は水に少しとけるが、水上置換法のほうが純粋な気体を集めることができる。

〔 上方置換法 〕

ガラス管は奥まで入れる。

適した気体
→水に〔 とけやすく 〕、
空気より密度が〔 小さい 〕気体
例 アンモニア

〔 下方置換法 〕

ガラス板　空気

適した気体
→水に〔 とけやすく 〕、
空気より密度が〔 大きい 〕気体
例 二酸化炭素、塩素

ガラス管は奥まで入れる。

(2) 気体の見分け方

気体の性質を調べることで、何の気体か見分ける。

気体の性質の調べ方　✐下の〔　〕の中に言葉を入れて、図を完成させましょう。

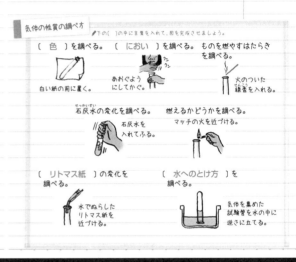

〔 色 〕を調べる。　　〔 におい 〕を調べる。　ものを燃やすはたらきを調べる。

白い紙の前に置く。　あおぐようにしてかぐ。　火のついた線香を入れる。

石灰水の変化を調べる。　　　燃えるかどうかを調べる。

石灰水を入れてふる。　　マッチの火を近づける。

〔 リトマス紙 〕の変化を調べる。　　〔 水へのとけ方 〕を調べる。

水でぬらしたリトマス紙を近づける。　　気体を集めた試験管を水の中に逆さに立てる。

---

(1) 物質が水にとけるようす

物質がとけた液体を　溶液　といい、
とかしている液体が水の場合をとくに　水溶液　という。

水溶液には、塩酸などのように、気体を水にとかしたものもある。

◉水溶液の特徴
・ 透明 で、色のついたものもある。
・どの部分も濃さは 同じ 。
・時間がたっても濃さは 変わらない 。

食塩水、砂糖水など

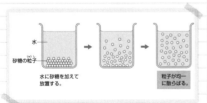

水に砂糖を加えて放置する。　　粒子が均一に散らばる。

★物質が水にとけるようす

◉水溶液ではない液体の特徴
・かき混ぜているときはにごっている。
・放置すると物質は 沈む 。

粒子が沈まなくても透明ではない牛乳は、水溶液でない。

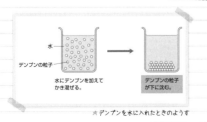

水にデンプンを加えてかき混ぜる。　　デンプンの粒子が下に沈む。

★デンプンを水に入れたときのようす

牛乳、混水など

(2) ろ過

ろ紙などを使って、液体と固体を分けることを　ろ過　という。

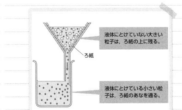

ろ紙

液体にとけていない大きい粒子は、ろ紙の上に残る。

液体にとけている小さい粒子は、ろ紙のあなを通る。

★ろ過のしくみ

ろ過のしかた　✐下の〔　〕の中に言葉を入れて、図を完成させましょう。

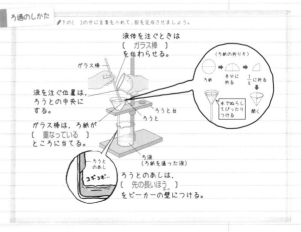

液体を注ぐときは〔 ガラス棒 〕を伝わらせる。

ガラス棒

液を注ぐ位置は、ろうととの中央にする。

ガラス棒は、ろ紙が〔 重なっている 〕ところに当てる。

ろうと台
ろうと

ろ液（ろ紙を通った液）

ろうとのあし

ろうとのあしは、〔 先の長いほう 〕をビーカーの壁につける。

（ろ紙の折り方）
ろ紙　半分に折る　$\frac{1}{4}$に折る　開く　水でぬらしてぴったりつける

(1)溶液のつくり

液体にとけている物質を 溶質 ，溶質をとかしている液体を 溶媒 ，溶質が溶媒にとけた液を 溶液 という。

> 溶媒が水の溶液を水溶液という。

溶液のつくり

▶下の〔　〕の中に言葉を入れて、図を完成させましょう。

とけている物質 ＋ 物質をとかしている液体 ＝ 物質が液体にとけたもの

〔 溶質 〕　〔 溶媒 〕　溶液

◎溶液の質量の関係

溶質 の質量 ＋ 溶媒 の質量 ＝ 溶液の質量

水　食塩　→　食塩水

〔 つり合う 〕

> 食塩の粒子が見えなくなっても質量は変わらない。

◎純粋な物質と混合物

・ 純粋な物質（純物質） …1種類の物質でできているもの。
　例：塩化ナトリウム（食塩），水，鉄など。

・ 混合物 …いくつかの物質が混ざり合ったもの。
　例：食塩水，ジュース，空気など。

(2)質量パーセント濃度

溶質の質量が，溶液全体の質量の何%にあたるかを表したものを 質量パーセント濃度 という。

$$質量パーセント濃度〔\%〕 = \frac{溶質 \ の質量〔g〕}{溶液 \ の質量〔g〕} \times 100$$

$$= \frac{溶質 \ の質量〔g〕}{溶質の質量〔g〕+ 溶媒 \ の質量〔g〕} \times 100$$

100gの水に25gの砂糖をとかした砂糖水A，210gの水に40gの砂糖をとかした砂糖水Bがあります。砂糖水A，Bの質量パーセント濃度を求め，どちらの水溶液が濃いか答えなさい。

砂糖水A　砂糖25g →とかす 水100g

・砂糖水Aの濃度

$$= \frac{25 \ 〔g〕}{(\ 25 \ +100)〔g〕} \times 100$$

$$= 20 \ 〔\%〕$$

砂糖水B　砂糖40g →とかす 水210g

・砂糖水Bの濃度

$$= \frac{40 \ 〔g〕}{(\ 40 \ +210)〔g〕} \times 100$$

$$= 16 \ 〔\%〕$$

砂糖水Aの濃度 ＝20〔%〕
砂糖水Bの濃度 ＝16〔%〕
　　↓
砂糖水Aのほうが濃い。

> 質量パーセント濃度の数値が大きいほど濃い水溶液である。

---

(1)溶解度

◎溶解度…一定量の水にとかすことができる物質の限度の量。ふつう水 100 gにとける溶質の質量で表す。

> 溶解度は物質の種類によって決まっている。

◎飽和水溶液…溶質が溶解度までとけていることを 飽和 したといい，その水溶液を 飽和水溶液 という。

飽和水溶液

▶下の〔　〕の中に言葉を入れて、図を完成させましょう。

20℃のとき
食塩（塩化ナトリウム）の溶解度は35.8

食塩35.8g → 水100g（20℃）　これ以上とけない → 〔 飽和水溶液 〕

◆水の温度が一定のとき，
物質がとける質量は，とかす水の質量に比例する。

ホウ酸5g　→3倍→ ホウ酸15g
ホウ酸5g →2倍→ ホウ酸10g
水100g（20℃） →2倍→ 水200g →3倍→ 水300g

> 水の量が2倍、3倍になると、とける物質の量も2倍、3倍になる。

・20℃の水100gにとける食塩の質量は35.8gである。
　このとき，
　20℃の水200gには，食塩は 71.6 gとける。

(2)溶解度と温度

溶解度は，物質の種類と 温度 で決まり，多くの固体では水の温度が高くなると溶解度は 大きく なる。

> 固体でも、水酸化カルシウムは水の温度が高くなると、溶解度は小さくなる。

溶解度曲線

▶下の〔　〕の中に言葉を入れて、図を完成させましょう。

物質の温度ごとの溶解度をグラフに表したものを
〔 溶解度曲線 〕という。

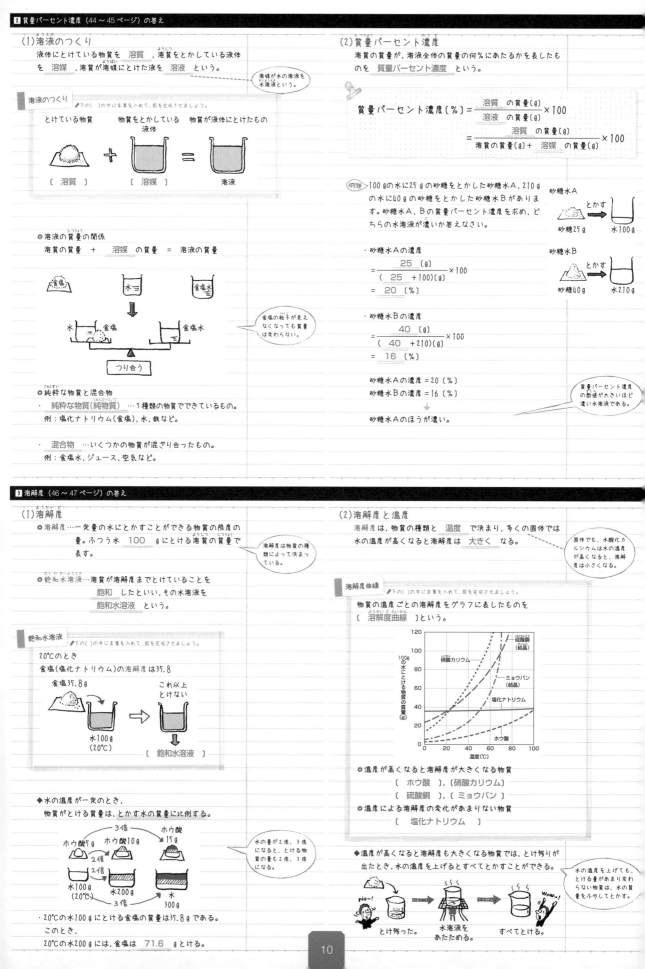

◎温度が高くなると溶解度が大きくなる物質
　〔 ホウ酸 〕，〔硝酸カリウム〕
　〔 硫酸銅 〕，〔 ミョウバン 〕
◎温度による溶解度の変化があまりない物質
　〔 塩化ナトリウム 〕

◆温度が高くなると溶解度も大きくなる物質では，とけ残りが出たとき，水の温度を上げるとすべてとかすことができる。

No〜!　とけ残った。　→　水溶液をあたためる。　→　Wow〜!　すべてとける。

> 水の温度を上げても、とける量があまり変わらない物質は、水の質量をふやしてとかす。

(1)結晶

いくつかの平面で囲まれた規則正しい形の固体を〔 結晶 〕といい，物質特有の色や〔 形 〕をしている。

いろいろな結晶

✐下の（ ）の中に言葉を入れて，図を完成させましょう。

〔 塩化ナトリウム 〕 〔 ミョウバン 〕 〔 硫酸銅 〕 〔 硝酸カリウム 〕

(2)再結晶

物質を一度水にとかし，再び結晶としてとり出すことを〔 再結晶 〕という。
再結晶には，水溶液を冷やす方法と，水を蒸発させる方法がある。

> 再結晶により，少量の不純物をふくむ混合物から，純粋な物質をとり出すこともできる。

◎水溶液を冷やす方法

水溶液を冷やし，とけきれなくなった物質を結晶としてとり出す。温度による溶解度の差が〔 大きい 〕物質に適している。

> ミョウバン，硫酸銅，硝酸カリウム，ホウ酸に適している。

◎水溶液から水を蒸発させる方法

水溶液を加熱し，水を蒸発させて結晶をとり出す。温度による溶解度の差が〔 小さい 〕物質に適している。

> 塩化ナトリウムに適している。

実験 目的 水溶液から，とけている物質を固体としてとり出す。

方法 3gの塩化ナトリウムと硝酸カリウムを，それぞれ5gの水にとかして60℃に加熱したあと，試験管を20℃に冷やす。また，試験管の中の水溶液を少量とり，加熱して水を蒸発させる。

結果

	塩化ナトリウム	硝酸カリウム
水にとかす。	とけ残る。	とけ残る。
加熱する。	とけ残る。	全部とける。
冷やす。	変化なし。	固体が出てくる。
水を蒸発させる。	固体が出てくる。	固体が出てくる。

結晶のようす

塩化ナトリウム　　硝酸カリウム

まとめ
・物質によって溶解度は〔 異なる 〕。
・水溶液を冷やすと結晶をとり出すことができる物質（ 硝酸カリウム ）と，水溶液を冷やしても結晶をとり出すことができない物質（ 塩化ナトリウム ）がある。
・水溶液を加熱し水を蒸発させると，結晶が出てくる。
・結晶の形は物質によって〔 異なる 〕。
↓
再結晶により結晶をとり出し，結晶を観察することで，物質を区別することができる。

> なぜ？
> 塩化ナトリウム水溶液を冷やしても再結晶しないのは，塩化ナトリウムは温度による溶解度の差が小さいから。

---

(1)物質の状態

物質には固体，液体，気体の3つの状態がある。

固体 …形や体積がほとんど変化しない。

液体 …体積はほとんど変化しないが，形は容器の形に合わせて変化する。

気体 …形も体積も変化する。

> 二酸化炭素の固体であるドライアイスのように，固体から直接気体になる物質もある。

(2)状態変化

物質が温度によって固体⇄液体⇄気体と変化することを状態変化といい，状態変化が起こると，体積は〔 変化する 〕が，質量は〔 変化しない 〕。

状態変化のようす

✐下の（ ）の中に言葉を入れて，図を完成させましょう。

状態変化

〔 固体 〕 →加熱→ 液体 →加熱→ 〔 気体 〕
←冷却←　　　←冷却←

状態変化と体積変化

〔増加〕　　　〔増加〕
固体 → 液体 → 気体
〔減少〕　　　〔減少〕

粒子がすきまなく，規則正しく並んでいる。

粒子の間隔が少し広がり，比較的自由に動ける。

粒子の運動が活発になり，体積が大きくなる。

> 状態変化をしても，物質の粒子の数は変化しないので，物質の質量は変わらない。

★水の体積変化（例外）

〔減少〕　　　〔増加〕
氷 → 水 → 水蒸気
〔増加〕　　　〔減少〕

> 水より氷の密度が小さくなるため，氷は水に浮く。

実験 目的 状態変化と体積や質量の関係を調べる。

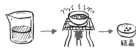

実験Ⅰ（液体のろう→固体のろう）
❶ろうをビーカーに入れ，熱してとかす。
❷液面の高さに印をつけ，ビーカーごと質量をはかる。
❸冷やして，固体のろうにする。
❹全体の質量をはかる。また，つけた印を見て体積も比較する。
ろう

実験Ⅱ（水→氷）
❶試験管に1/3ほど水を入れ，水面の位置に印をつける。
❷試験管とビーカー全体の質量をはかる。
❸ビーカーに寒剤を入れて試験管の水をこおらせる。
❹全体の質量をはかる。また，つけた印を見て体積も比較する。
寒剤（水と食塩を3:1の割合で混ぜたもの）
水

結果

✐下の（ ）の中に言葉を入れて，表を完成させましょう。

		体積	質量	密度
Ⅰ	液体のろう→固体のろう	〔減少する〕	〔変化しない〕	〔増加する〕
Ⅱ	水（液体）→氷（固体）	〔増加する〕	〔変化しない〕	〔減少する〕

> 密度は「質量÷体積」で求めることからも考える。

まとめ
・ろうが液体から固体へと状態変化するとき，体積は減少するが，質量は変化しない。
・水が液体から固体へと状態変化するとき，体積は増加するが，質量は変化しない。
↓
状態変化するとき，体積は変化するが，質量は変化しない。

(1) 状態変化するときの温度

- **融点** …固体がとけて液体に変化するときの温度。
- **沸点** …液体が沸騰して気体に変化するときの温度。
  どちらも純粋な物質では決まった値を示し、物質を区別する手がかりとなる。

水の状態変化 ✐下の〔 〕の中に言葉を入れて、図を完成させましょう。

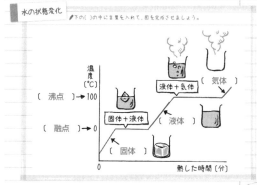

- 温度〔℃〕
- 〔 沸点 〕→ 100
- 〔 融点 〕→ 0
- 〔 気体 〕
- 〔 液体＋気体 〕
- 〔 固体＋液体 〕
- 〔 液体 〕
- 〔 固体 〕
- 熱した時間〔分〕

(2) 混合物を加熱したときの温度変化

混合物の融点や沸点は、決まった値を示さない。

> 1種類の物質でできているものを純粋な物質、いくつかの物質が混ざり合ったものを混合物という。

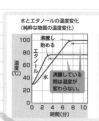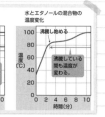

水とエタノールの温度変化（純粋な物質の温度変化）／水とエタノールの混合物の温度変化

> 水の融点…0℃
> 水の沸点…100℃
> エタノールの融点…－115℃
> エタノールの沸点…78℃

(3) 蒸留

液体を沸騰させ、出てくる気体を冷やして再び液体としてとり出す方法を **蒸留** という。

> 蒸留で得られた液体をくり返し蒸留することで、より純粋に近い物質を得ることができる。

実験

目的 水とエタノールの沸点のちがいを利用し、水とエタノールの混合物を分離する。

方法 水とエタノールの混合物を蒸留する。

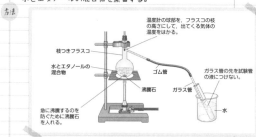

- 温度計の球部を、フラスコの枝の高さにして、出てくる気体の温度をはかる。
- 枝つきフラスコ
- 水とエタノールの混合物
- ゴム管
- ガラス管の先を試験管の液につけない。
- 沸騰石
- ガラス管
- 水
- 急に沸騰するのを防ぐために沸騰石を入れる。

結果 ✐下の〔 〕の中に言葉を入れて、表を完成させましょう。

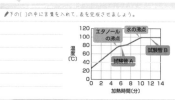

- エタノールの沸点
- 水の沸点
- 試験管B
- 試験管A
- 加熱時間〔分〕

	気体の温度	におい	火をつけたようす
試験管A	70～80℃	エタノールのにおい	〔 燃える 〕
試験管B	90℃以上	〔 なし 〕	〔 燃えない 〕

まとめ 水とエタノールの混合物を蒸留すると、はじめに沸点の低い **エタノール** が、あとから沸点の高い **水** が多く出てくる。

(1) 光の進み方

- ◆太陽や電球などの **光源** から出た光は **直進** する。
- ◎光が物体に当たってはね返る現象を光の **反射** という。
  物体に入ってくる光を **入射光** 、反射した光を **反射光** という。
  物体の表面に垂直な線と入射光とのなす角を **入射角** 、反射光とのなす角を **反射角** という。
- ◎光が物体に当たって反射するとき、入射角と反射角は **等しく** なる。入射角＝反射角
  これを反射の法則という。

反射の法則 ✐下の〔 〕の中に言葉を入れて、図を完成させましょう。

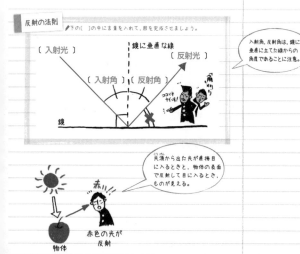

- 〔 入射光 〕
- 鏡に垂直な線
- 〔 反射光 〕
- 〔 入射角 〕〔 反射角 〕
- 鏡

> 入射角、反射角は、鏡に垂直に立てた線からの角度であることに注意。

> 光源から出た光が直接目に入るときと、物体の表面で反射して目に入るとき、ものが見える。

- 赤い！！
- 赤色の光が反射
- 物体

(2) 鏡にうつった像

- ◆鏡にうつったものを物体の **像** という。
- ◆鏡で反射した光は、鏡をはさんで物体と **対称** の位置から出たように進む。

鏡にうつった像 ✐下の〔 〕の中に言葉を入れて、図を完成させましょう。

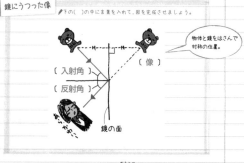

- 〔 像 〕
- 〔 入射角 〕
- 〔 反射角 〕
- 鏡の面

> 物体と鏡をはさんで対称の位置。

- ◆物体の表面には無数の小さな凹凸があるため、光は四方八方に反射する。このような反射を **乱反射** という。

- 光
- 1つ1つの光の道すじを見れば、反射の法則が成り立っている。
- ▲乱反射のようす

> 乱反射のときでも、1つ1つの光では、反射の法則が成り立っている。

(3) 光と色

太陽光は白色光とよばれ、いろいろな色の光が混ざり合って白く見える。太陽光をプリズムに通すと、いろいろな色の光に分かれる。これらの目に見える光を可視光線という。
物体の色が見えるのは、物体の表面で強く反射された色の光が目に届くからである。

(1) 光の屈折

光が，ある物質から種類のちがう物質に進むとき，
その境界で折れ曲がって進む現象を光の **屈折** という。

境界面に垂直に進む光はそのまま通過する。

◎屈折して進む光を **屈折光** ，屈折光と境界面に垂直な線
とのなす角を **屈折角** という。

光の屈折 ✐下の〔 〕の中に言葉を入れて，図を完成させましょう。

◆光が空気中から水中（ガラス中）へ進むとき

〔 入射角 〕 光
一部反射　一部は反射する。
境界面　　空気
水（ガラス）
〔 屈折角 〕
境界面から遠ざかるように曲がる。

→〔 入射角 〕＞〔 屈折角 〕

◆光が水中（ガラス中）から空気中へ進むとき

〔 屈折角 〕
境界面に近づくように曲がる。
空気
水（ガラス）
光
一部反射
〔 入射角 〕

→〔 入射角 〕＜〔 屈折角 〕

見えない
コイン
水を入れる
見える

★水を入れると見えるコイン　©アフロ

(2) 全反射

光が物質の境界面で，すべて反射される現象を **全反射** と
いう。入射角がある角度以上に大きくなると，起こる。（ガラ
ス中または水中→空気中など）

全反射 ✐下の〔 〕の中に言葉を入れて，図を完成させましょう。

全反射は，光が境界面になかめに入射するときに起きる。

〔 屈折角 〕
屈折角90°
〔 空気 〕
〔 水 〕
〔 全反射 〕
光

全反射するときは，光は空気中には出ていかない。

全反射を利用した応用例には，光ファイバーや直角プリズム
などがある。

光
全反射
ガラス繊維

ガラス繊維などで，光を全反射させながら伝える。
内視鏡や通信回線などに利用。

★光ファイバー

光
全反射

光の進路を変える。
双眼鏡などに利用。

★直角プリズム

全反射によって，水面に魚が見える。

©アフロ

(1) 凸レンズ

虫めがねなどのように，中央部がふくらんだレンズを
凸レンズ という。

ルーペ，カメラ，顕微鏡などに利用されている。

近くのもの
→大きく見える

遠くのもの
→上下左右が逆さまに見える

©アフロ

平行な光を凸レンズに垂直に当てたときに，光が集まる
点を **焦点** という。
レンズの中心から焦点までの距離を **焦点距離** という。

焦点はレンズの両側に1つずつある。

レンズが厚いほど短い。

凸レンズ ✐下の〔 〕の中に言葉を入れて，図を完成させましょう。

凸レンズ
〔 焦点距離 〕
光軸
〔 焦点 〕
凸レンズの中心

凸レンズを通る光は，空気とレンズの境界で，レンズの厚いほうに屈折する。

◎凸レンズの中心を通る光 → そのまま **直進** する。
◎光軸に平行な光 → **焦点** を通るように進む。
◎焦点を通って凸レンズに入った光
　→ 光軸に **平行** に進む。

◆中心を通るとき
光軸
直進する。

◆光軸に平行なとき
光軸　焦点
焦点を通る。

◆焦点を通るとき
焦点　光軸
光軸に平行になる。

★凸レンズを通る光の進み方

(2) 凸レンズでできる像

◎実像…実際に光が集まってできる像。
◎虚像…光が集まってできた像ではない見かけの像。

実像は，スクリーン上にうつすことができる。

実像のでき方 ✐光の道すじをかいて，実像のできる位置を作図しましょう。

凸レンズ
物体
〔 焦点 〕
光軸
焦点
凸レンズの中心

凸レンズを通った光が集まって，スクリーンにうつる像を
実像 といい，物体とは **上下左右が逆向き** になる。

スクリーン
凸レンズ
上下左右が逆向き

凸レンズをのぞいたときに見える,
物体と同じ向きで大きく見える像を <u>虚像</u> という。
虚像は, 物体が焦点よりも <u>内側</u> にあるときにでき,
スクリーンにうつすことができない。

虚像のでき方 ✎光の進むすじをかいて, 虚像のできる位置を作図しましょう。

凸レンズ
焦点
焦点 物体
光軸
凸レンズの中心

> 虚像は, 実際に光が集まってできた像ではないので, スクリーンにうつすことはできない。

実験
目的 物体と凸レンズの距離が変化すると,
凸レンズによってできる像はどうなるかを調べる。

方法
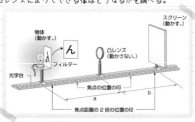

スクリーン(動かす。)
物体(動かす。)
凸レンズ(動かさない。)
フィルター
光学台
焦点の位置の印
a
b
焦点距離の2倍の位置の印

凸レンズから十分離れたところに物体を置き,
スクリーンを動かしてスクリーン上に像をつくる。
そのときの, 物体と凸レンズの間の距離(a),
凸レンズとスクリーンの間の距離(b),
像の大きさと向きを記録する。

結果

像のでき方 ✎下の( )の中に言葉を入れて, 表を完成させましょう。

物体の位置(a)	できる像の位置(b)	像の種類	像の向き	像の大きさ
焦点距離の2倍より離れている 焦点距離の2倍の位置 焦点 焦点	焦点と焦点距離の2倍の位置の間	実像	実物と上下左右逆向き	[実物より小さい]
焦点距離の2倍 焦点距離の2倍の位置 焦点 焦点	焦点距離の2倍の位置	[実像]	実物と上下左右逆向き	[実物と同じ]
焦点距離の2倍の位置と焦点の間 焦点 焦点	焦点距離の2倍より離れた位置	実像	実物と上下左右逆向き	実物より大きい
焦点の位置 焦点	〔 像はできない 〕			
焦点とレンズの間 焦点 焦点		〔虚像〕	実物と同じ向き	実物より大きい

まとめ ●物体が焦点距離の2倍より離れた位置にあるとき
→ 実物より小さな実像ができる。
●物体が焦点距離の2倍の位置にあるとき
→ 実物と同じ大きさの実像ができる。
●物体が焦点距離の2倍の位置と焦点の間にあるとき
→ 実物より大きな実像ができる。
●物体が焦点上にあるとき → 像はできない。
●物体が焦点とレンズの間にあるとき → 虚像が見える。

---

(1)音の伝わり方
◆音を発生している物体を <u>音源</u> または発音体といい, 音源が <u>振動</u> することで音が出る。
◆音は物体中を <u>波</u> として伝わる。

> 振動が物体中を次々に伝わること。

実験
目的 音は空気中を伝わるが, 空気が少なくなると音の伝わり方はどうなるかを調べる。

方法 電動式のブザーを鳴らし続けて, 容器の中の空気をぬいていく。
ブザーの音の変化を調べる。

ブザー
プロペラ
リボン
真空ポンプ
空気をぬく。

結果 空気が少なくなると, ブザーの音がしだいに小さくなった。

音は, 空気などの <u>気体</u> , 水などの <u>液体</u> , 金属などの <u>固体</u> の中を伝わる。

→ <u>振動</u> するものがないと音は伝わらない。

◎液体が音を伝えることの確認
アーティスティックスイミングでは, プールの中のスピーカーから出る音楽を聞いて演技している。

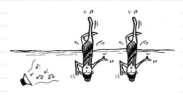

(2)音の速さ
音は, 空気中を1秒間に <u>約340 m</u> の速さで伝わる。
└気温によって, この値は変化する。

光は, 1秒間に約30万kmの速さで伝わり,
音の速さの約100万倍も速い。
花火が見えて, しばらくしてから「ドーン」と音が聞こえたり, 稲光が見えて, しばらくしてから「ゴロゴロ」と音が聞こえたりするのはこのためである。

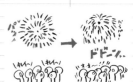

$$音の速さ[m/s] = \frac{距離[m]}{音が伝わるのにかかった時間[s]}$$

> m/sは1秒間あたりに移動する距離を表す。sは, 英語のsecond(秒)の頭文字で,「メートル毎秒」と読む。

例題 音の速さを340 m/sとして, 次の問いに答えなさい。
①花火が開くのが見えてから, 花火の音が聞こえるまでに2.5秒かかりました。
花火が開いたところまでの距離は何mですか。

距離[m] = 音の速さ[m/s] × 音が伝わるのにかかった時間[s]
より,
<u>340</u> [m/s] × <u>2.5</u> [s] = <u>850</u> [m]

②校舎から85m離れたところでたいこをたたくと, 校舎に反射した音が聞こえるのは, たいこをたたいてから何秒後になりますか。

$$音が伝わるのにかかった時間[s] = \frac{距離[m]}{音の速さ[m/s]}$$

より, $\dfrac{(85 × 2) [m]}{340 [m/s]}$ = <u>0.5</u> [s]

(1) 音の大きさ

物体の振動の振れ幅を **振幅** といい，音源の振幅が大きいほど，音は **大きい** 。

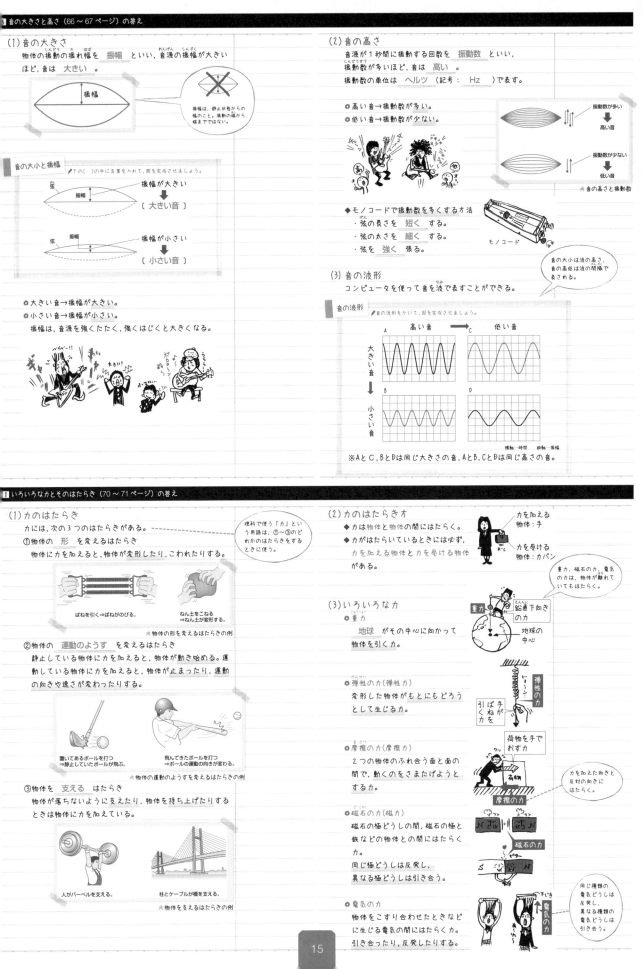

振幅は，静止状態からの幅のこと。振動の端から端までではない。

音の大小と振幅

*下の〔　〕の中に言葉を入れて，図を完成させましょう。

- 振幅が大きい
  〔 大きい音 〕
- 振幅が小さい
  〔 小さい音 〕

- 大きい音 → 振幅が大きい。
- 小さい音 → 振幅が小さい。

振幅は，音源を強くたたく，強くはじくと大きくなる。

(2) 音の高さ

音源が1秒間に振動する回数を **振動数** といい，振動数が多いほど，音は **高い** 。

振動数の単位は **ヘルツ** （記号： **Hz** ）で表す。

- 高い音 → 振動数が多い。
- 低い音 → 振動数が少ない。

振動数が多い → 高い音
振動数が少ない → 低い音

★ 音の高さと振動数

◆ モノコードで振動数を多くする方法
- 弦の長さを **短く** する。
- 弦の太さを **細く** する。
- 弦を **強く** 張る。

モノコード

音の大小は波の高さ，音の高低は波の間隔で表される。

(3) 音の波形

コンピュータを使って音を波で表すことができる。

音の波形

*音の波形をかいて，図を完成させましょう。

高い音 → 低い音

大きい音 → 小さい音

横軸…時間　縦軸…振幅

※AとC，BとDは同じ大きさの音，AとB，CとDは同じ高さの音。

(1) 力のはたらき

力には，次の3つのはたらきがある。

理科で使う「力」という用語は，①〜③のどれかのはたらきをするときに使う。

①物体の **形** を変えるはたらき

物体に力を加えると，物体が変形したり，こわれたりする。

ばねを引く⇒ばねがのびる。

ねん土をこねる⇒ねん土が変形する。

★ 物体の形を変えるはたらきの例

②物体の **運動のようす** を変えるはたらき

静止している物体に力を加えると，物体が動き始める。運動している物体に力を加えると，物体が止まったり，運動の向きや速さが変わったりする。

置いてあるボールを打つ⇒静止していたボールが飛ぶ。

飛んできたボールを打つ⇒ボールの運動の向きが変わる。

★ 物体の運動のようすを変えるはたらきの例

③物体を **支える** はたらき

物体が落ちないように支えたり，物体を持ち上げたりするときは物体に力を加えている。

人がバーベルを支える。

柱やケーブルが橋を支える。

★ 物体を支えるはたらきの例

(2) 力のはたらき方

◆ 力は物体と物体の間にはたらく。

力を加える物体：手
力を受ける物体：カバン

◆ 力がはたらいているときには必ず，**力を加える物体** と **力を受ける物体** がある。

重力，磁石の力，電気の力は，物体が離れていてもはたらく。

(3) いろいろな力

●重力

地球 がその中心に向かって物体を引く力。

鉛直下向きの力
地球の中心

●弾性の力（弾性力）

変形した物体がもとにもどろうとして生じる力。

弾性の力
引っぱる手が引く力を

●摩擦の力（摩擦力）

2つの物体のふれ合う面と面の間で，動くのをさまたげようとする力。

荷物を手でおす

力を加えた向きと反対の向きにはたらく。

摩擦の力

●磁石の力（磁力）

磁石の極どうしの間，磁石の極と鉄などの物体との間にはたらく力。
同じ極どうしは反発し，異なる極どうしは引き合う。

磁石の力

●電気の力

物体をこすり合わせたときなどに生じる電気の間にはたらく力。引き合ったり，反発したりする。

電気の力

同じ種類の電気どうしは反発し，異なる種類の電気どうしは引き合う。

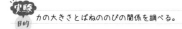

(1) 力の大きさ

力の大きさの単位は、ニュートン(N)を使う。

1Nは、約100gの物体にはたらく重力の大きさに等しい。

(2) 力の大きさとばねののび

ばねに力を加えると、ばねはのび、ばねに加える力を大きくすると、ばねののびは **大きく** なる。

実験

目的 力の大きさとばねののびの関係を調べる。

方法 ばねに1個30gのおもりをつるし、ばねののびを調べる。
おもりの数をふやしていき、そのときのばねののびを調べる。

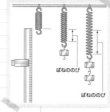

結果

おもりの個数〔個〕	0	1	2	3	4	5
力の大きさ〔N〕	0	0.3	0.6	0.9	1.2	1.5
ばねののび〔cm〕	0	1.1	2.1	3.4	4.5	5.5

グラフに表す。

まとめ ばねののびは、ばねに加わる力の大きさに **比例** する。

↓

これを **フックの法則** という。

原点を通る直線のグラフになる。⇒比例

例題

1個30gのおもりとばねを使って、ばねののびについて調べたところ、72ページの表のような結果になりました。このばねにおもりを6個つるしたときのばねののびは何cmになりますか。

おもり1個でばねは約1.1cmのびているので、おもりを6個つるしたとすると、ばねののびは、

1.1 ×6= **6.6** 〔cm〕

(3) 力の表し方

◆ 力の **大きさ** 、力の **向き** 、力のはたらく点の **作用点** を力の三要素という。

◆ 力を図で表すときは、 **矢印** を使う。
① 力の大きさ…矢印の **長さ** で表す。
　矢印の長さは、力の大きさに比例させる。
② 力の向き…矢印の **向き** で表す。
③ 作用点…矢印の **始点** を「●」で示す。

1Nの力を1cmの矢印で表すとすると、2Nの力は2cmの矢印で表す。

力の表し方 (力の矢印) ♪力の矢印をかき、〔 〕の中に言葉を入れて、図を完成させましょう。

矢印の始点
→力の〔 **作用点** 〕

矢印の長さ
→力の〔 **大きさ** 〕

矢印の向き
→力の〔 **向き** 〕

物体全体に力がはたらいているときは、1本の矢印で代表させる。

◎重力

物体の中心から1本の矢印をかく。

---

(1) 重さ

物体にはたらく重力の大きさを **重さ** という。
重力とは、 **地球** がその中心に向かって物体を引く力で、地球上のすべての物体にはたらく力である。
重力の大きさは、場所や天体によって変化する。

月では、重力が地球の約1/6なので、重さは地球の約1/6になる。

● 重さの単位…重さは「力」の一種で、単位は **ニュートン** (記号：N)を用いる。
地球上では、質量約100gの物体にはたらく重力の大きさが1Nである。

★ばねばかり

● 重さのはかり方… **ばねばかり** ではかることができる。

(2) 質量

物体そのものの量を **質量** という。
物体そのものの量なので、場所が変わっても **変化しない** 。

● 質量の単位…グラム(記号：g)やキログラム(記号：kg)などを用いる。1000g=1kg

★上皿てんびん

©コーベット

● 質量のはかり方… **上皿てんびん** ではかることができる。

(3) 重さと質量の関係

月面上での重力を地球上の重力の1/6とすると、質量600gの物体の重さは、地球上では、 **6N** 、月面上では **1N** 。

質量100gの物体にはたらく重力の大きさを1Nとする。

地球上	月面上

重さ…〔 **0.6N** 〕	重さ…〔 **0.1N** 〕
質量…〔 **60g** 〕	質量…〔 **60g** 〕

例題

地球上で、質量100gの物体にはたらく重力の大きさを1N、月面上での重力を地球上の重力の1/6とします。

①質量360gの物体の重さは地球上と月面上ではそれぞれいくらになりますか。

地球上では **3.6N**

月面上では **0.6N**

となる。

重さはばねばかりではかる。

②質量540gの物体の質量は地球上と月面上ではそれぞれいくらになりますか。

地球上では **540g**

月面上では **540g**

となる。

質量は上皿てんびんではかる。

(1) 力のつり合い

◆ 1つの物体に 2つ以上の力がはたらいていて
その物体が静止しているとき，物体にはたらく力は
 <u>つり合っている</u> という。

実験
目的 物体にはたらく 2力がつり合うための条件を調べる。

方法 厚紙の 2つの穴に糸でばねばかりをとりつける。
両側から水平に引いて，厚紙が動かなくなったときの 2力の
大きさや向き，位置関係を調べる。

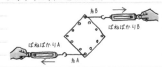

結果
・厚紙が動かなくなったとき，ばねばかりA，Bが示す値は
　同じだった。
・ばねばかりを引く向きは反対だった。
・糸AとBは一直線上にあった。

2力がつり合う条件
*下の〔 〕の中に言葉を入れて，図を完成させましょう。

1つの物体に 2力が加わって
つり合っているとき
①2力の大きさは〔 等しい 〕。
②2力の向きは〔 反対 〕である。
③2力は〔 一直線上 〕にある。

---- 一線上

大きさが等しく，
向きが反対

・大きさがちがうと…　・一直線上にないと…

動いてしまう！　回ってしまう！

(2) いろいろな力のつり合い

● <u>垂直抗力</u> …面の上に物体を置いたとき，物体におされ
た面が物体を垂直におし返す力。

◆ 机の上に本を置いたとき，
本にはたらく <u>重力</u> と
机から本にはたらく <u>垂直抗力</u> がつり合っている。

垂直抗力
本
重力

◆ ばねにつるしたおもりが静止しているとき，
おもりにはたらく <u>重力</u> と
ばねがおもりを引く力（ <u>弾性力</u> ）がつり合っている。

ばねがおもり
を引く力
（弾性力）
おもりにはた
らく重力

◆ 机の上にある物体を引いても
動かないとき，物体を引く力
と物体にはたらく <u>摩擦力</u>
がつり合っている。

物体を引く力　摩擦力
引く力と
逆向き
物体
面にあるでこぼこ
に引っかかり合う。

---

(1) マグマと噴火のしくみ

地下にある岩石が，高温のためにとけた物質を <u>マグマ</u> と
いい，地下のマグマが地表付近まで上昇して岩石をふき飛ばす
と火山の <u>噴火</u> が始まる。このとき，火山からふき出る
ものをまとめて <u>火山噴出物</u> という。

火山の噴火
*下の〔 〕の中に言葉を入れて，図を完成させましょう。

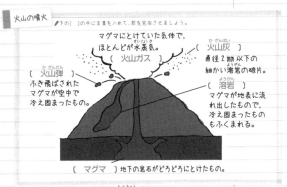

マグマにとけていた気体で，
ほとんどが水蒸気。

〔 火山ガス 〕　〔 火山灰 〕
直径 2mm以下の
細かい溶岩の破片。

〔 火山弾 〕
ふき飛ばされた
マグマが空中で
冷え固まったもの。

〔 溶岩 〕
マグマが地表に流
れ出したもので，
冷え固まったもの
もふくまれる。

〔 マグマ 〕地下の岩石がどろどろにとけたもの。

(2) マグマの性質と火山の特徴

● マグマのねばりけが強い火山
 <u>激しい</u> 爆発的な噴火をし，
 <u>もり上がった</u> 形の火山になる。
火山噴出物の色は <u>白っぽい</u> 。

なぜ？
マグマのねばりけが強いと，
火山ガスがぬけにくいので，
激しい噴火になり，マグマの
ねばりけが弱いと，ガスがぬ
けやすいため，おだやかな噴
火になる。

● マグマのねばりけが中間の火山
激しい噴火とおだやかな噴火をくり返し，
 <u>円すい</u> 形の火山になる。

● マグマのねばりけが弱い火山
 <u>おだやかな</u> 噴火をし，
 <u>傾斜がゆるやかな</u> 形の火山になる。
火山噴出物の色は <u>黒っぽい</u> 。

火山の形
*下の〔 〕の中に言葉を入れて，表を完成させましょう。

火山の形	火山の例	マグマの ねばりけ	噴火のようす	噴出物の色
	昭和新山 有珠山 雲仙普賢岳	〔 強い 〕	〔 激しい 〕	〔 白っぽい 〕
	桜島 浅間山	↕	↕	↕
	マウナロア キラウエア	〔 弱い 〕	〔 おだやか 〕	〔 黒っぽい 〕

火山が噴火すると，噴
出する大きな岩石や溶
岩，火山灰などによっ
て災害が発生すること
がある。一方，温泉や
地熱発電，美しい景観
などの恵みもある。

実験
目的 ねばりけのちがいと
火山の形の関係を調べる。

方法 小麦粉に水を混ぜ，
2種類のねばりけのち
がうものを用意する。
それぞれをポリエチレ
ンの袋に入れ，下から
おし出す。

穴をあけた工作用紙

小麦粉
手で
おし出す

結果
・ねばりけが強いとき　・ねばりけが弱いとき

モリ　モリ　ジワ～ン　ジワ～ン

もり上がる。　うすく広がる。

まとめ マグマのねばりけが強いと，もり上がった形の火山になり，
マグマのねばりけが弱いと，傾斜のゆるやかな形の火山にな
る。

(1)鉱物

火山噴出物にふくまれる粒のうち，結晶になったものを
鉱物 といい，無色鉱物と有色鉱物に分けられる。

> 無色鉱物が多い岩石は
> 白っぽい岩石は，有色鉱物が
> 多い岩石は，黒っぽく
> 見える。

- **無色鉱物** …白っぽい色の鉱物。
  石英，長石。

- **有色鉱物** …黒っぽい色の鉱物。
  黒雲母，カクセン石，輝石，カンラン石。

> 黒色で磁石につく
> 磁鉄鉱もある。

鉱物

🖊下の〔　〕の中に言葉を入れて，図を完成させましょう。

無色鉱物		有色鉱物	
〔 石英 〕	〔 黒雲母 〕	〔 カクセン石 〕	
無色，白色。不規則に割れる。	黒色，褐色。板状にうすくはがれる。形は六角板状。	暗緑色，暗褐色。細長い柱状に割れやすい。	
〔 長石 〕	〔 輝石 〕	〔 カンラン石 〕	
白色，うすい桃色。決まった方向に割れる。形は柱状。	緑色，褐色。形は短い柱状。	黄緑色，褐色。不規則に割れる。形は丸みのある多面体。	

セキエイ以外のアフロ

(2)火成岩

マグマが冷え固まってできた岩石を **火成岩** といい，
マグマの冷え方によって，火山岩と深成岩に分けられる。

> **ゴロ**
> 夕食は苦労を隠した
> 奇跡の缶詰

- **火山岩** …マグマが地表や地表付近で，
  急に 冷え固まってできる。

- **深成岩** …マグマが地下深くで，
  ゆっくり 冷え固まってできる。

火成岩のつくり

🖊下の〔　〕の中に言葉を入れて，図を完成させましょう。

- 〔 火山岩 〕…マグマが地表や地表付近で
  急に冷え固まった。

> **なぜ？**
> 急に冷え固まったた
> め，大きな結晶にな
> れなかった。

〔 斑状 〕組織
ごく小さな鉱物の集まり
やガラス質の部分（石基）
の中に，大きな鉱物（斑晶）
が散らばっている。

〔 石基 〕〔 斑晶 〕
例：流紋岩，安山岩，玄武岩

- 〔 深成岩 〕…マグマが地下深くでゆっくり冷え
  固まった。

〔 等粒状 〕組織
ほぼ同じ大きさの鉱物が
たがいに組み合わさっ
て，すきまなく並んでい
る。

例：花こう岩，せん緑岩，斑れい岩

●いろいろな火成岩

火成岩の色	白っぽい		黒っぽい
火山岩	流紋岩	安山岩	玄武岩
深成岩	花こう岩	せん緑岩	斑れい岩

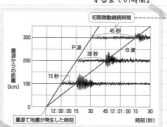

> **ゴロ**
> 新幹線は
> 刈り上げ

---

(1)震源と震央

◆地下で地震が発生した場所を **震源** ，
震源の真上の地表の地点を **震央** という。

◆観測地点から震源までの距離を **震源距離**
という。

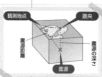

⚡ 震源と震央

(2)地震の波とゆれ

- **初期微動** …はじめに起こる小さなゆれ。
  伝わる速さの速いP波によって起こる。

> 速さ：約5〜7km/s

- **主要動** …あとからくる大きなゆれ。
  伝わる速さのおそいS波によって起こる。

> 速さ：約3〜5km/s

地震計の記録

🖊下の〔　〕の中に言葉を入れて，図を完成させましょう。

{〔 初期微動 〕}→{〔 主要動 〕}
はじめに起こる小さなゆれ　あとからくる大きなゆれ

〔 P 〕波が到着　〔 S 〕波が到着

地震が発生すると，震源でP波とS波が
同時に発生し，震央を中心に同心円状に
伝わる。P波が到着すると初期微動を感
じ，S波が到着すると主要動を感じる。

- **初期微動継続時間** …P波が到着してから，S波が到着
  するまでの時間。

> 震源からの距離が
> 遠くなるほど長く
> なる。

図：初期微動継続時間のグラフ
45秒／30秒／15秒
P波　S波
震源からの距離（km）0〜300
12:00:00 15 30 45 12:01:00 15 30
震源で地震が発生した時刻
時刻〔秒〕

⚡ 震源からの距離と初期微動継続時間

初期微動継続時間は，
震源からの距離が遠くなるほど 長く なり，
そのふえ方はほぼ一定である。

(3)震度とマグニチュード

- **震度**
  地震のときのゆれの強さで，
  0〜7の 10 段階で表す。
  ふつう，震源から近いほど大きく，
  地盤がやわらかい地域ほど大きくなる。

> 震度5と6にはそれ
> ぞれ「弱」と「強」
> の2段階ずつある。

> 震源からの距離が同
> じでも，地盤の性質
> が異なると震度が異
> なることがある。

- **マグニチュード**
  地震そのものの規模を表す値（記号：M）。1つの地震に対
  して1つの値をとる。マグニチュードが1大きくなると，
  地震のエネルギーは約32倍になる。ふつう，震源からの距
  離が同じとき，マグニチュードが大きいほど，震度も大き
  くなる。

(1) 地震の起こる場所

● 日本の震源分布の特徴

日本付近で起こる地震の震源は、太平洋側にある海溝と日本列島の間に多い。

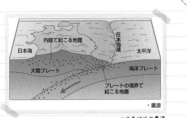

★ 日本付近の震源

地震によって、がけ崩れや建物の倒壊、液状化、津波による被害などが生じることがある。また大地がもち上がったり沈んだりすることもある。

震源の深さは、太平洋側から日本海側に向かってしだいに 深く なっている。
日本列島の真下では、震源の浅い地震が起こっている。

(2) プレートの境界で起こる地震のしくみ

地震は、プレートの動きによって、地下の岩石の層に大きな力がはたらいて起こる。

● プレート …地球の表面をおおう岩石の層。

厚さは 100 km ほどある。

日本列島付近には、4つのプレートがあり、海洋プレートが、大陸プレートの下に沈みこんでいる。

★ 日本列島付近のプレート

地震が起こるしくみ

▶下の〔 〕の中に言葉を入れて、図を完成させましょう。

〔 大陸プレート 〕　〔 海洋プレート 〕

①〔 海洋 〕プレートが〔 大陸 〕プレートの下に沈みこむ。

②〔 大陸 〕プレートが〔 海洋 〕プレートに引きずりこまれる。

③大陸プレートのひずみが大きくなり、反発してもとにもどるときに地震が起こる。

プレートの境界で起こる地震を海溝型地震という。

(3) 内陸で起こる地震

日本列島の真下で起こる震源の浅い地震は、大陸プレート内の 活断層 が動いて起こる。

内陸型地震という。

● 活断層…過去に生じた断層で、今後も活動して地震を起こす可能性のある断層（大地のずれ）のこと。

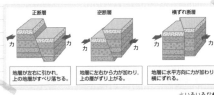

★ いろいろな断層

---

(1) 風化と川の水のはたらき

● 風化 …岩石が、気温の変化や風雨によって表面からくずれていく現象。

● 侵食 …流水が、岩石や川底をけずりとるはたらき。水の流れが速い上流でさかん。

● 運搬 …けずられたれき、砂、泥を運ぶはたらき。水の流れが速いほど大きな粒を運ぶ。

流水によって運ばれるうちに、角がとれ丸みを帯びた形となる。

● 堆積 …運ばれた土砂が水底に積もるはたらき。水の流れがゆるやかな下流や河口付近でさかん。

(2) 土砂が堆積するようす

土砂が堆積するときは、
大きい 粒ほど河口近くに堆積し、
小さい 粒ほど遠くに運ばれる。

実験

目的 土砂の堆積のようすを調べる。

結果

円筒の容器に水を入れ、上かられき、砂、泥を混ぜたものを落とし、沈んでいくようすを観察する。

粒の大きいものほどはやく沈む。

まとめ れき、砂、泥が堆積するときは、下に粒の大きいものが、上に粒の小さいものが堆積する。

(3) 地層のでき方

● 地層 …れき、砂、泥などが流水で運ばれ、水底に次々に積み重なって層になったもの。ふつう、上の層ほど 新しい 。

火山の噴火で火山灰などが降り積もると、火山灰の層がつくられることがある。

土砂の堆積

▶下の〔 〕の中に言葉を入れて、図を完成させましょう。

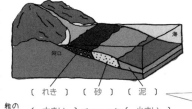

〔 れき 〕　〔 砂 〕　〔 泥 〕

粒の大きさ　〔 大きい 〕 ◀▶ 〔 小さい 〕

●堆積物の分類
れき…直径 2 mm以上
砂…直径 $\frac{1}{16}$（0.06）〜2 mm
泥…直径 $\frac{1}{16}$（0.06）mm以下

地層のでき方

▶下の〔 〕の中に言葉を入れて、図を完成させましょう。

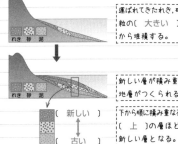

運ばれてきたれき、砂、泥は粒の〔 大きい 〕ものから堆積する。

新しい層が積み重なり、地層がつくられる。

〔 新しい 〕
〔 古い 〕

下から順に積み重なるため、〔 上 〕の層ほど新しい層となる。

(1)堆積岩のつくり

堆積物が長い時間をかけておし固められ，岩石に変化したものを　堆積岩　という。

◉堆積岩の特徴
・粒の形は　丸み　を帯びている。
・粒の大きさは，ほぼ一様である。
・化石をふくむことがある。

(2)いろいろな堆積岩

いろいろな堆積岩 　　　下の〔　〕の中に言葉を入れて，図を完成させましょう。

堆積したものの粒の大きさによって分けられている。

◉川の水のはたらきによってできる堆積岩

〔　れき岩　〕　　〔　砂岩　〕　　〔　泥岩　〕

れき(直径2mm以上)が集まってできている。

砂(直径0.06〜2mm)が集まってできている。

泥(直径0.06mm以下)や細かい粘土からできている。

◉火山の噴出物でできた堆積岩

〔　凝灰岩　〕

火山灰などの火山噴出物が堆積して固まってできている。粒は角ばっている。

川の水のはたらきを受けずに，直接堆積する。

◉生物のからだなどからできた堆積岩

〔　石灰岩　〕　　　〔　チャート　〕

炭酸カルシウムの骨格や殻をもつ生物の死がいなどが固まってできる。うすい塩酸をかけると〔　二酸化炭素　〕が発生する。

二酸化ケイ素の殻をもつ生物の死がいなどが固まってできる。うすい塩酸をかけても二酸化炭素は発生しない。

凝灰岩以外©shutterstock

(3)化石

大昔の生物のからだや足跡，巣穴などが地層中に残ったものを　化石　という。

◉　示相化石　…地層が堆積した当時の環境を知る手がかりとなる化石。生きられる環境が限られている生物の化石である。

示相化石	環境
サンゴ	あたたかく浅い海
アサリ	浅い海
シジミ	湖や河口付近

◉　示準化石　…地層が堆積した時代を知る手がかりとなる化石。広い　範囲にすみ，短い　期間に栄えて絶滅した生物の化石である。

◉地質年代…地層や化石をもとにした地球の歴史の時代区分。古いものから，古生代，中生代，新生代に分けられている。

まんじゅうのあんは中

おもな示準化石　　　下の〔　〕の中に言葉を入れて，図を完成させましょう。

地質年代	示準化石	
古生代	〔　フズリナ　〕	〔　サンヨウチュウ　〕
中生代	〔　アンモナイト　〕	〔　恐竜　〕
新生代	〔　ビカリア　〕	〔　ナウマンゾウ　〕

---

(1)大地の変化

◉　断層　…地層に力がはたらいて，地層が切れてずれたもの。

◉　しゅう曲　…地層に力がはたらいて，地層が波打つようにおし曲げられたもの。

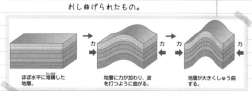

| ほぼ水平に堆積した地層。 | 地層に力が加わり，波を打つように曲がる。 | 地層が大きくしゅう曲する。 |

★しゅう曲のできオ

◉　隆起　…海面に対して土地が上がること。

◉　沈降　…海面に対して土地が下がること。

◉　海岸段丘　…隆起によってできた海岸沿いに見られる階段状の地形。

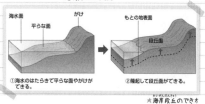

①海水のはたらきで平らな面やがけができる。

②隆起して段丘面ができる。

★海岸段丘のできオ

(2)地層の広がり

地層のようすは，地層が地表に現れている　露頭　や，ボーリング試料によって調べる。

地面に穴をあけて，堆積物を採取して得られた試料。

◉　柱状図　…その地点の地層をわかりやすく柱状に表した図。

◉地層からわかること
・地層にふくまれる土砂(れき・砂・泥)
→堆積した当時の河口からの距離や海の深さの変化がわかる。

・火山灰の層や凝灰岩の層
→　火山活動　があったことがわかる。

・化石がふくまれる層
　示相　化石
→堆積した当時の環境がわかる。
　示準　化石
→堆積した時代がわかる。

◉鍵層…地層の広がりを調べる手がかりとなる層。火山灰の層や化石がふくまれる層は鍵層となる。

地層からわかること　　　下の〔　〕の中に言葉を入れて，図を完成させましょう。

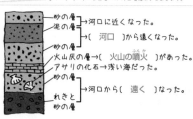

砂の層　→河口に近くなった。
泥の層　→〔　河口　〕から遠くなった。
砂の層
火山灰の層　→〔　火山の噴火　〕があった。
アサリの化石　→浅い海だった。
砂の層
れきと　→河口から〔　遠く　〕なった。
砂の層

(3)プレートの動き

地球上の大規模な地形は，プレートの動きと関係がある。プレートの動きによって，その境界では，大山脈ができたり，火山活動や地震が起こったりしている。

◉　海溝　…海底に見られるせまく細長い溝状の地形。プレートが沈みこむ場所。

◉　海嶺　…海底に見られる大山脈。プレートができる場所。

第1章
確認テスト①
20〜21 ページ

1 (1) イ (2) エ

2 (1) B (2) X A Y D

(3) ア (4) エ

3 (1) A 網状脈 B 平行脈

(2) ア ひげ根 イ 側根 ウ 主根

(3) 葉脈 A 根 D

4 (1) A ウ B イ C ア

(2) ① 裸子植物 ② シダ植物

③ 単子葉類 (3) 胞子

(4) a ウ b エ c ア d オ

e イ

解説 **1**(1) ルーペは目に近づけて持ち，観察する

ものを前後に動かす。

2(4) 裸子植物には子房がないので，果実が

できない。

4(3) シダ植物とコケ植物は胞子でふえる。

第2章
確認テスト②
28〜29 ページ

1 (1) 脊椎動物 (2) ウシ 哺乳類

トカゲ は虫類 (3) カエル

(4) 子 えらと皮膚 親 肺と皮膚

(5) スズメ，トカゲ (6) 乾燥から卵を守る。

(7) 胎生 (8) スズメ

(9) ① ア ② エ

2 (1) 肉食動物 (2) シマウマ

(3) ライオン (4) ウ (5) ウ

3 (1) 無脊椎動物 (2) 外骨格

(3) 節足動物 (4) 甲殻（類）

(5) 軟体動物 (6) 外とう膜 (7) ア，エ

解説 **1**(9)① 子をうむ動物は哺乳類だけ。

② 一生えらで呼吸するのは魚類だけ。

3(7) **イ**は節足動物や軟体動物以外の無脊椎

動物，**ウ**は脊椎動物の両生類，**オ**は甲殻類。

第3章
確認テスト③
40〜41 ページ

1 (1) 食塩 (2) 二酸化炭素 (3) 有機物

2 (1) 2.7 (g/cm^3) (2) DとE（完答）

(3) 67 (cm^3) (4) 銅 (5) ウ (6) B

3 (1) 水素 (2) イ (3) エ

(4) 上方置換法

(5) 水にとけやすい。

空気より密度が小さい。(空気より軽い。)

解説 **2**(1) $\dfrac{94.5〔g〕}{35.0〔cm^3〕} = 2.7〔g/cm^3〕$

(3) 物体の密度は，$\dfrac{224.0〔g〕}{25.0〔cm^3〕} = 8.96〔g/cm^3〕$

より，$\dfrac{600.0〔g〕}{8.96〔g/cm^3〕} = 66.9…〔cm^3〕$

(6) 密度が水より小さい物体は水に浮く。

3 気体Aは水素，気体Bは二酸化炭素，気

体Cは酸素，気体Dはアンモニアである。

第4章
確認テスト④
54〜55 ページ

1 (1) ① 溶質 ② 溶媒 (2) イ

(3) 20(%)

2 (1) 溶解度

(2) ① ミョウバン ② 水を蒸発させる。

3 (1) A 沸点 B 融点 (2) エ (3) イ

4 (1) 蒸留 (2) 急な沸騰を防ぐため。

(3) エ (4) A

解説 **1**(2) 水溶液の濃さはどの部分も同じで，時

間がたっても変わらない。

(3) $\dfrac{20〔g〕}{(20+80)〔g〕} \times 100 = 20〔\%〕$

2(2)① 最も多くの結晶が得られるのは，

60℃と20℃の溶解度の差が最も大きい物質。

3(3) 氷が水に変化すると，体積は小さくな

る。質量は変化しないので，密度は大きくなる。

第5章

確認テスト⑤

68〜69 ページ

1 (1) 入射角　c　反射角　b

(2) D，E（完答）

2 (1) ア　(2) イ　(3) イ　(4) 全反射

(5) ウ

3 (1) 実像　(2) エ　(3) 15(cm)　(4) イ

4 (1) 空気　(2) イ

(3) ア，イ，カ（完答）

解説 **1**(2) 入射角と反射角が等しくなるように作図すると，B，Cでは鏡にうつらないことがわかる。　**2**(3) ア，ウは光の反射，エは全反射である。　**3**(3) 物体と同じ大きさの実像ができるのは，物体を焦点距離の2倍の位置に置いたときである。　**4**(2) 音の大きさは振幅によって決まり，音の高さは振動数によって決まる。

第7章

確認テスト⑦

94〜95 ページ

1 (1) C　(2) エ　(3) イ

2 (1) a　斑晶　b　石基　(2) 斑状組織

(3) ウ　(4) マグマが地下深くでゆっくり冷え固まってできた。

3 (1) 初期微動　(2) 7(km／s)

(3) 初期微動継続時間　(4) 25(秒)

4 (1) しゅう曲　(2) ウ

(3) ① ア　② 示準化石

(4) 火山の噴火

解説 **1**(2) マグマのねばりけが弱いとおだやかに噴火し，火山噴出物の色は黒っぽくなる。　**2**(4) マグマが地下深くでゆっくり冷えて固まると，大きな鉱物の結晶が組み合わさったつくりになる。

3(2) $\dfrac{70〔km〕}{10〔s〕} = 7〔km／s〕$

第6章

確認テスト⑥

78〜79 ページ

1 (1) A　ア　B　エ　C　オ

(2) イ，ウ，オ

2 (1) ウ　(2) フック（の法則）

(3) 0.5(cm)　(4) 7（個）

3 (1) ① 力の向き　② 作用点

(2) 右図

4 (1) 垂直抗力　(2) 左

(3) 摩擦力　(4) ウ

(5) 2つの力が一直線上にないから。

解説 **2**(1) 重力の作用点は物体の中心とする。

(4) おもり1個で1cmのびているので，7cmのびるのは，おもりを7個つるしたとき。

3(2) 3Nなので3目もり分の長さになる。

4(3) 本に加えた力の向きと反対向きに摩擦力がはたらく。

(4) 本をおす力と摩擦力はつり合っている。